NSFC-山东联合基金重点支持项目“黄河三角洲地貌演变的动力机制与环境效应”（U1706214）资助

黄河三角洲海底浅表层灾害地质类型的识别及其分异规律与灾变机制

李平　陈沈良　杜军　著

海洋出版社

2022年 · 北京

图书在版编目（CIP）数据

黄河三角洲海底浅表层灾害地质类型的识别及其分异规律与灾变机制/李平，陈沈良，杜军著．—北京：海洋出版社，2022.1

ISBN 978-7-5210-0912-5

Ⅰ.①黄…　Ⅱ.①李…②陈…③杜…　Ⅲ.①黄河-三角洲-海底-表层-地质灾害-研究　Ⅳ.①P722.7②P736.12

中国版本图书馆CIP数据核字（2022）第004887号

责任编辑：王　溪
责任印制：安　淼

海洋出版社　出版发行

http：//www.oceanpress.com.cn

北京市海淀区大慧寺路8号　邮编：100081

北京顶佳世纪印刷有限公司印刷　　新华书店北京发行所经销

2022年1月第1版　2022年11月第1次印刷

开本：787 mm×1092 mm　1/16　印张：8.75

字数：210千字　定价：95.00元

发行部：010-62100090　邮购部：010-62100072　总编室：010-62100034

前　言

我国是世界上遭受海洋灾害影响最严重国家之一，在气候变化与人类活动的叠加影响下，无论地质灾害发生频次、范围，还是灾害造成的破坏损失，均呈现加剧恶化的发展态势，而且潜在灾害风险与隐患日益凸显，防灾减灾形势十分严峻。据统计，我国每年崩塌、滑坡、泥石流、海岸侵蚀与地面沉降等自然灾害叠加造成的直接经济损失合计高达数千亿元。与此同时，在人类活动与全球变暖的加剧影响下，诸多潜在地质灾害现象加剧发展、逐步显露，一些地区的部分灾害类型，还呈现集中爆发式的发展态势。

黄河三角洲湿地是暖温带地区保存最完善、最年轻的湿地生态系统，湿地生物资源丰富，被列入“中国最美六大湿地”。黄河三角洲油气资源十分丰富，但也面临不同来源的海洋灾害风险，同时海岸侵蚀、地面沉降、砂土液化、海水入侵与海岸侵蚀等多种灾害地质类型相互叠加，形成链式灾害效应，形成更大规模、更为严重的侵蚀损失破坏。同时地质灾害引发的管道断裂悬空、海堤侵蚀坍塌和平台桩基冲刷倾斜等灾害事件时有发生，对滩海石油的开采及其平台安全稳定构成潜在的严重威胁。本书基于黄河三角洲近岸海域约 3200 km 实测大范围浅地层剖面和侧扫声呐声学图谱数据，开展赋存发育的典型灾害地质类型的判读识别，分析各灾害地质类型的特征和空间分异规律，并对典型灾害地质类型形成发育的孕灾环境、致灾因子、演化过程及其致灾机理进行探讨。在此基础上，基于聚类分析方法进行灾害地质分区研究，从灾害地质形成发育各主导因素的区域分异角度，探讨灾害地质分区的合理性。本书共划分为 5 章，对现代黄河三角洲区域灾害地质声学图谱特征、判读识别过程方法与空间分异规律及其主要影响因素进行了介绍。

第一章主要介绍了开展黄河三角洲海底浅表层灾害地质类型特征、规模范围、空间分布、成因机制及其空间分异研究的背景、目的和意义，进一步总结国内外在工程物探探测技术、海岸带地质灾害，以及黄河三角洲区域动力沉积环境等方面的研究现状进展，最后概述了本书的框架结构与研究思路。

第二章主要从黄河三角洲区域沉积环境及演化过程特征等方面，介绍了区域环境概况与基本特征。

第三章介绍了基于浅地层剖面和侧扫声呐声学图谱数据，开展黄河三角洲近岸海域灾害地质类型判读的方法、过程与结果。解译分析灾害地质类型、空间位置及分布，统计量算典型灾害地质类型的规模、范围与赋存位置；探讨海底浅表层不同位置赋存的灾害地质类型的声学图谱特征、分布和规模范围，以及地层扰动灾害类型的发育特征、分布特征与成因机制；基于识别解译、统计量算不同类型埋藏古河道的位置和埋藏深度位置，从浅地层剖面探测角度构建近代黄河尾闾故道主流路的摆动过程模式。

第四章介绍了基于聚类分析方法的灾害地质分区结果及各分区域位置、范围与特征。确定灾害地质类型综合分区的原则及依据，通过全覆盖浅地层剖面和侧扫声呐声学图谱数据的判读识别，解译圈定研究区域范围的主要灾害地质类型，统计量算各灾害地质类型的表征参数，明确现代黄河三角洲近岸海域浅表层灾害地质类型分布和规模范围。以研究区域范围 500 m×500 m 范围为网格划分单元，统计量算各网格单元基于 7 项分类型指标表征的灾害规模（单位网格灾害地质类型数、单位网格埋藏古河道平均河道宽度、单位网格沙斑平均面积、单位网格侵蚀残留体平均埋藏高度、单位网格地层扰动平均扰动深度、单位网格冲刷槽平均长度和单位网格沙波平均波长），对上述指标参数开展无量纲转换并算术加和，结果作为灾害地质的分区系数。以各网格单元及灾害地质类型分区系数为样本和变量，构建聚类分析的 X_{np} 数据矩阵，计算样本之间的距离系数进行聚类分析。

第五章探讨影响黄河三角洲近岸海域灾害地质分区的主要影响因素及其变化特征和分异规律，探讨灾害地质分区的合理性。从灾害地质影响致灾机制角度，总结提出现代黄河三角洲近岸海底灾害地质形成发育的决定性影响因素及其影响机制，主要包括：近岸海域海洋水动力条件与分布、黄河入海泥沙变异与扩散运移、海床稳定性特征及区域底质沉积物分布变化。海洋水动力是灾害地质形成与发育的动力因素，决定着灾害地质类型的规模范围；黄河入海泥沙变化及扩散是灾害地质因素形成的物源基础条件，决定着灾害地质类型及其分布变化；海床稳定性特征是灾害地质活动性的影响因素，影响灾害地质类型的活动性程度；底质沉积物类型决定着局部区域灾害地质分异。

本书主要利用声学数据判读的方法，判识海底浅表层赋存、发育的灾害地质类型，对空间分异规律与灾变机制开展系统的研究。该研究为从声学图谱判读解译角度，开展海底浅表层灾害地质探究提供新方法、新思路，研究成果可为黄河三角洲滨海湿地的保护、地质灾害的防治及其整治修复提供依据。

作　者
2021 年 10 月

目 录

第1章 绪 论

1.1 研究背景及意义

1.1.1 研究背景

当前，全球面临着人口急剧膨胀、资源短缺形势加剧和生态环境不断恶化等挑战，其重要表现是频繁加剧以及规律性减弱、范围不断扩大的自然灾害事件，给人们的生产生活，乃至生存发展构成了潜在的巨大威胁。地质灾害作为我国最主要的灾害事件，每年因地震、崩塌、滑坡、泥石流、地面沉降，及其海岸侵蚀与海水入侵等海岸带地质灾害，直接经济损失近千亿元。与此同时，海洋蕴藏着丰富矿产、石油和天然气等资源，具有重要利用价值及发展潜力。20 世纪 80 年代起，海洋油气资源的开发活动日益频繁，然而在油气设施建设与勘探开发过程中，时常遭遇或者发生灾害地质事故，因海底灾害地质问题而出现的海底失稳，进而导致发生的海洋工程事故时有发生，如渤海湾钻井平台滑移、东海钻探桩腿下沉、珠江口盆地珠七井隔水管沉落、莺歌海钻井倾斜、北部湾浅层高压气外泄及琼东南钻井船走锚翻沉等事件的发生。基于此，在“联合国国际减灾十年”的推动下，成立了“减轻自然灾害全国委员会”，进一步强化了减灾工作协调投入，将灾害地质议题列为环境地质优先研究领域。综上所述，从浅地层剖面与侧扫声呐判读的角度，开展海洋灾害地质类型的识别圈定、基本特征、发育机制及其空间分区研究，可为国家防灾减灾工作的开展提供一定的基础数据，并对油气资源开发、灾害防护与湿地保护修复具有重要现实意义。

黄河是我国第二大河，发源于青海高原巴颜喀拉山北麓约古宗列盆地，自西向东穿越黄土高原、黄淮海大平原注入渤海。黄河流域面积约 79.5 km^2，干流全长 5464 km，落差 4480 m。黄河作为一条相对年轻的河流，在距今 115 万年前晚早更新世，是流域互不连通的湖盆，各自形成独立的内陆水系。此后，随着西部高原的抬升，河流的侵蚀袭夺，历经 105 万年的中更新世，各湖盆间逐渐连通，构成黄河水系的雏形。到距今 10 万至 1 万年间的晚更新世，黄河才逐步演变为从河源到入海口上下贯通的大河。黄河流域—河口三角洲—近海海域构成完整的源汇连通的系统，处于流域下游，陆海过渡带的黄河三角洲的自然灾害事件频发，受风暴潮的作用影响，防潮堤曾发生溃塌，损失修复费用近百万元，因地质灾害而导致管道断裂事件时有发生，滩海石油开发面临着严重的潜在威胁。

与此同时，黄河素以“善淤、善决、善徙”而著称、尾闾流路改道变迁频繁，1855年以来，黄河尾闾小的改道50多次，较大规模的改道10次，约10年改道1次。黄河三角洲海岸以粉砂淤泥质类型为主，在黄河入海水沙通量急剧减少、黄河尾闾流路频繁摆动变迁，以及海陆水动力、气候变化与人类活动的耦合叠加影响下，黄河三角洲海岸及其近岸海床发育多种类型、不同规模范围的灾害地质现象。黄河三角洲不同岸段，海岸发育演变的阶段，及其基本特征各不相同，现行河口在黄河入海径流与泥沙的持续输入情况下，岸线持续不断向海快速淤进，而废弃的老河口则由于黄河尾闾故道主流路的频繁改道变迁，以及泥沙供给不足和强烈海洋动力条件的共同作用下，发生强烈的侵蚀后退变化。上述不同岸段差异变化也会对黄河三角洲防洪安全，以及社会经济和生态系统发育演化带来进一步的潜在危害，制约着黄河三角洲资源的优化配置。

1.1.2 研究意义

黄河三角洲北起徒骇河以东，南至南旺河以北。现代黄河三角洲是1855年铜瓦厢决口夺大清河流路形成的，以宁海为顶点的扇形区域，西起套尔河口，南抵支脉沟口，面积约5400 km^2（图1.1-1）。在流域来水来沙影响下发育形成的高建设三角洲，形成于泥沙含量丰富、下游河道频繁分汊、尾闾流路频繁改道的大规模的浅水海域。本专著研究区域为现代黄河三角洲海岸，及其海图水深5~20 m之间近岸海域，包括废弃河口和现行河口三角洲。

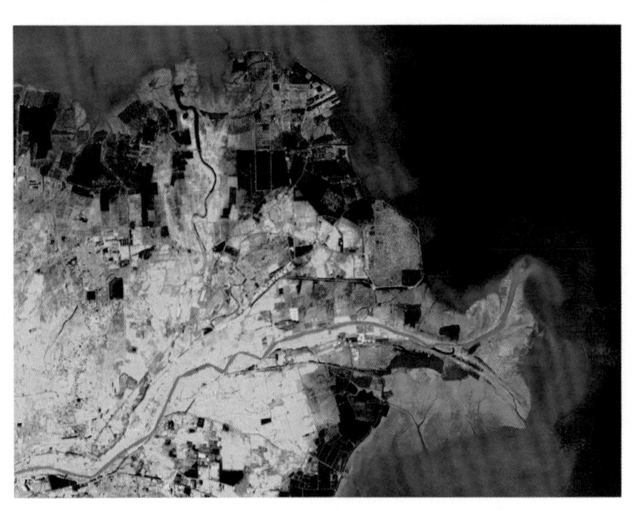

图1.1-1 现代黄河三角洲及其近岸海域遥感影像

黄河三角洲地质灾害频发、地质灾害类型多且灾害损失十分严重，是开展灾害地质类型圈定识别、形成发育过程、影响因素、成因机理及空间分区等相关研究的“天然实验场”。随着海洋开发活动，以及防减灾工作力度的不断加大，深入开展黄河三角洲海域地质灾害研究，制定防治对策和措施建议是极其紧迫的任务。以往对海洋灾害地质类型区域空间分布特征、区域分异与发育机制开展了相关研究，但从大范围、系统性的空间分区及其区域变化等方面的开展系统研究较少，为从浅地层剖面和侧扫声呐图谱上进行灾害地质类型的识别，并进行分布特征与规律的相关研究提供一定的方法与经验，该研究可为黄河三角洲的区域海洋地质灾害的防治提供基本依据。

另外，长期以来前人聚焦并关注黄河三角洲形成与发育演变过程及其影响因素，以及局部区域地质灾害的特征及形成发育机理与黄河口泥沙扩散、运移和沉积等方面，而从浅地层剖面、侧扫声呐等声学数据角度，对黄河三角洲海底表层、浅部地层中赋存的灾害地质类型的识别工作尚未见报道，缺乏系统性研究。黄河三角洲区域地质灾害类型众多，不同地质灾害类型具有不同的致灾机制与灾变能力。早在1985—1986年中美黄河河口合作调查中，通过原位测试就了解到海底广泛的存在以海底滑坡为主的海底不稳定地质现象（Prior D B et al.，1986，1989；Bornard B D et al.，1986；Yang et al.，1994）。黄河三角洲有关地质灾害的相关研究，主要以地面沉降、海岸侵蚀和滨海湿地退化等灾害类型研究为主（Liu et al.，2013；张治昊，2011；程义吉等，2000，2003；别君等，2006；陈沈良等，2004；张晓龙等，2010），同时开展黄河三角洲局部海域灾害地质类型识别、基本特征与分布、影响因素、空间分异与成因机理的研究工作（赵维霞等，2006；李俊杰等，2007；周永青，1998；杨作升等，1990；周良勇等，2004；陈卫民等，1992）。

灾害地质空间分布特征及相关规律（分区）是海洋灾害地质研究基础，我国近岸海域大、中比例尺海洋地质测、填图工作开展得较少，除国内一些学者提出过我国部分海域灾害地质分类方案，并开展了全国范围海岸带、临近大陆架地区的定性化区域空间变化与分区的研究外（叶银灿等，2011；刘守全等，2000；李凡等，1990），而小范围、区域性、定量化的灾害地质分区研究较少。有关黄河三角洲近岸海底区域性定量化的灾害地质研究，开展灾害地质形成发育的影响因素，并探索性地进行灾害地质分区研究鲜有报道。

“地质灾害”和“灾害地质”是两个既有联系，又有区别的海洋学术语。地质灾害系指由地质因素引起的自然灾害，是自然灾害灾种之一，而灾害地质系指具有直接或潜在危害的，能够产生障碍的各种地质因素，包括可能成灾的地质条件、地质体和地质作用，相对于地质灾害其更注重造成灾害的可能性和危险性（李培英等，2007）。灾害地质（geohazard factors）又称不稳定地质因素条件，按赋存位置分为存在于海底表层，以及存在于海底浅部地层的灾害地质类型。随着海洋开发活动以及海洋防减灾工作力度的不断加大，开展近岸海域灾害地质研究已经成为一项必不可少的工作（Liu et al.，2002；刘杜娟，2010；宋召军，2003）。以往黄河三角洲近岸海域的灾害地质研究，多侧重于局部小范围、单灾种灾害地质类型的分布特征及机理的探讨，而围绕整个三角洲近岸区域灾害地质类型特征、分布特征及其空间分异特征的研究较少。本书围绕黄河三角洲近岸海域海底表层、浅部地层中发育的典型灾害地质类型开展研究，探索性地对黄河三角洲近岸海域进行的灾害地质分区研究，进而对灾害地质形成发育影响因素及其区域分异规律进行研究探讨。

1.2 国内外研究现状分析

1.2.1 海岸带灾害地质研究现状

早在20世纪60年代，美国、墨西哥和加拿大等国家即联合组织实施了Mississippi计划，开展海底灾害地质相关问题的研究工作，至70年代取得了令人满意的成果，对于促进墨西哥湾油气资源的开发起到至关重要的作用。20世纪80年代起，我国在渤海、南海北部和东海等海区进行油气资源勘探开发，开展了前期工程和灾害地质调查研究。1985年组织开展了北部湾盆地、莺歌海盆地和珠江口盆地以西，水深在50~200 m范围内的1∶100万南海西部石油开发区工程地质调查与评价，以及灾害地质类型的分析工作（李凡，1990）。1995年组织开展了莺西、涠洲海域工程地质的区域性综合调查，1996—2000年组织实施的国家海洋专项对黄海、东海陆架、莺歌海和北部湾4个区块进行了1∶50万灾害地质补充调查，编制了1∶200万黄东海、南海灾害地质分布图。

据中美联合调查数据，首次发表了有关南黄海灾害地质的相关论文（米里曼，秦蕴珊等，1988），讨论了载气沉积层、埋藏古河道和海底冲刷等灾害地质性质、分布及其危害性。另外，一些石油公司组织开展了工程地质调查，对部分灾害性地质因素进行了讨论。在1989年出版发行的《黄海地质》一书中对赋存的灾害性地质因素，按其存在位置及性质分为灾害性地质因素和灾害性地貌因素（秦蕴珊等，1989），未进行分类评价工作。1990年，李凡等（1990）对南海北部灾害性地质因素进行了系统研究，提出了关于灾害地质初步分类方案。20世纪80年代开始，我国与美国、加拿大和荷兰等国家合作开展了渤海南部海底不稳定特征的研究工作，该工作的开展为胜利油田建设，及其油气开采工作提供了理论与实践依据。1985—1986年中美黄河口合作调查中，探测记录到大量海底不稳定现象，发现了期间广泛存在的海底滑坡等地质灾害现象。黄河三角洲埕岛油田区域发现的该地区也存在多种灾害地质类型，将海底划分为低扰动海底、中等扰动海底和高扰动海底等不同扰动程度的海底区域（杨作升等，1993）。黄河三角洲沉积不稳定性因素包括：工程软弱层、水下斜坡、海底冲刷和地面沉降，工程软弱层，及海底的冲刷导致的海底刺穿（李广雪等，1999）。就灾害地质形成与发育的原因机理而言，任美锷等（1990）认为，人为活动是首要影响因素，是重要地质营力，全球重大环境问题无一不是人类活动造成。陈义兰等（2006）研究认为，黄河三角洲由于现代构造沉降及沉积物压实作用的影响以及人类活动频繁影响，引起强烈的地面沉降和海平面相对上升，成为现代下沉区。总体而言，黄河三角洲地质灾害受到了诸多学者的广泛关注，研究集中在黄河三角洲地面沉降、海岸侵蚀，以及滨海湿地退化等地质灾害研究方面（吕学军，2011；别君等，2006；陈沈良等，2005），聚焦黄河三角洲近岸海域地质灾害类型、特征及分布规律的研究（李广雪等，2000），及局部小范围区域的地质灾害特征及发育机制研究。

自然资源部第一海洋研究所诸多专家学者自 20 世纪 80 年代起开展了陆架及海岸带地区，大量有关海洋地质灾害及其影响的相关研究，并取得一些研究成果。在陆架海底区域的地质灾害研究方面，对油气资源区和近岸局部海域开展了系统的地质灾害调查与评价工作。1995—1998 年，国家海洋局第一海洋研究所（现自然资源部第一海洋研究所，以下简称“海洋一所”）完成了东海油气资源开发区的工程地质和灾害地质的调查与评价；“九五”期间，海洋一所在国家重大专项“我国专属经济区和大陆架勘测”，对我国南黄海、东海、莺歌海和琼东南等油气资源（开发）区开展了海底灾害地质环境的调查与评价，编制了 1：50 万和1：100万不同尺度比例尺的系列灾害地质图。海岸带地质灾害研究方面，2001—2003 年海洋一所承担“渤海综合整治关键技术研究——秦皇岛旅游海岸环境退化监测与修复技术”项目；中国科学院海洋研究所和海洋一所等组织完成了国家“八五”重点攻关项目“海水入侵防治实验研究”；2003—2006 年，海洋一所等单位承担完成了国家 973 计划项目“我国海岸带灾害地质特征及其评价和趋势预测研究”，编制完成了 8 幅 1：50 万的“中国海岸带灾害地质图”，并出版发行专著《中国海岸带灾害地质特征及评价》；2006 年至今，在“我国近海海洋综合调查与评价”专项中，以海洋一所为主组织开展了“海洋地质灾害的调查与研究”专项。此外，对黄河海港、广利港等开展勘测，及埕岛海域开展工程测绘和工程地质调查、泥沙冲淤变化和三角洲演化的监测，对部分岸段开展了有关海岸侵蚀、海水入侵的业务化的监测工作。但常规监测站点少、长时间序列的系列数据有限。

海洋一所作为较早开展灾害地质研究的单位，开展了许多相关工作，取得了很多研究成果，提出了海岸带灾害地质的分类方案（李培英，2003），该分类方案结合中国海岸带灾害地质类型特点，综合考虑灾害地质动力条件和人类活动等因素，并兼顾了分类的系统性和实用性（表 1.2-1）。王文海等（1987）和夏东兴等（1993）将海岸侵蚀作为一种海岸带地质灾害开展相关研究，对中国海岸侵蚀现状、致灾原因和灾害特点进行了分析，对灾害地质损失的统计、评估参数的选取、评估模式及灾害等级的划分等方面提出了有价值的意见。同时聚焦黄河三角洲，对于潮滩地貌特征以及海岸带和海底地质灾害的特征、分布和机理开展了大量的研究工作，进行了地质灾害类型划分（李培英等，

1992)，并开展了海底地质灾害的区划研究（刘乐军，2004；杜军等，2004；2008）。

表 1.2-1　海岸带灾害地质分类体系（李培英等，2007）

类型	构造成因类型	重力成因型	侵蚀-堆积成因型	岩土-地层型	海-气相互作用型	人类活动型
直接灾害地质	地震 火山 地裂缝 活动断层	滑坡 崩塌 泥石流 塌陷 海岸坍塌	海岸侵蚀 海岸沙丘 港湾淤积 侵蚀陡坎 潮流沙脊 海底沙波沙丘 冲刷槽 海底峡谷	浅层气 泥火山	风暴潮 海面上升 盐渍化土地 海水入侵	海岸侵蚀；地面沉降；沙漠化海岸；盐渍化土地；沉船
潜在灾害地质	断层崖 断层陡坎 休眠火山 埋藏断层 海山海丘	倒石堆 海底泥流	海蚀崖 岩滩 沿岸堤 水下三角洲 潮流三角洲 海岸阶地 浅滩 海釜	古河道 埋藏不整合面 古三角洲 古沙堤 软弱层 液气体矿床 易液化砂层 起伏基岩	易损湿地 古海滩	砂土液化

总体而言，20 世纪 90 年代开始，在沿海经济建设中就遇到了大量的灾害地质问题，尤其近年在“联合国国际减灾十年”的推动下，灾害地质一直作为环境地质研究的先行领域。黄河三角洲区域灾害地质类型多样，不同灾害地质类型的致灾能力不同，前人相关研究集中在局部小范围地质灾害的类型、特征及风险评价，而探索性、定量化的灾害地质分区，进而对区域地质灾害类型特征及其差异性的研究较少。长期以来，对于黄河三角洲人们更多关注黄河尾闾流路的变迁及其三角洲的快速演变，而缺乏对三角洲海底灾害地质和浅部地层地质灾害系统性调查研究和评估工作。

1.2.2　黄河三角洲动力沉积地貌研究现状

黄河三角洲是我国重要大河三角洲，长期以来是河口海岸研究的热点，其中，黄河三角洲区域动力沉积地貌是重要研究内容，包括黄河入海水沙通量变化及其扩散运移，黄河三角洲及其近岸海域海床的冲淤演变过程、机理，及其稳定性评价，黄河三角洲及其近岸水动力的时空变化和黄河三角洲近岸海域底质沉积物类型及空间变化等方面。

前人关于黄河入海水沙通量变异的研究，主要从以下几个方面探讨：(1) 从行水流路演变角度进行分析，如曾庆华（1997）等；（2）从水沙通量时间变化角度进行分析，如任汝信（2000）等；（3）对未来水沙变异进行预测分析，如闫新兴（1993），李殿魁（2002）等。人们企图尝试用不同的技术方法手段解决黄河泥沙问题，最终找到了调水调沙这种新途径、新方法，以期为黄河综合治理探索出一套行之有效的新方案。王厚杰等（2005）、毕乃双等（2010）、张建华等（2004）、王栋等（2006）、王开荣（2005）、李平等（2010）和刘峰等（2010），分别开展了调水调沙期间黄河入海主流路的摆动过程、入海水沙通量扩散与运移、河口拦门沙的形成和演变，及河口悬沙空间分布变化等相关研究，基本摸清了调水调沙影响下黄河水沙通量变化特征，尤其河口泥沙冲淤变化对调水调沙的响应关系。

黄河三角洲泥沙动力沉积研究集中在：黄河入海泥沙扩散运移规律，河口悬浮泥沙空间分布和时间变化，以及河口拦门沙的形成及演变规律等，如杨作升等（1987）、Wright L D 等（1990）。首先，一些学者开展黄河入海泥沙扩散运移特征及其动力机制研究，如李广雪（1999）探讨了黄河入海泥沙在河口输运扩散结构特征；Li 等（2001）和 Wang 等（2007）认为，黄河河口锋是导致河口悬浮泥沙输运扩散的动力因素。其次，有关河口悬浮泥沙分布及原因，利用定点准同步潮周期实测数据或卫星遥感影像解译反演的方法（黄海军等，1994；樊辉等，2007）。研究认为，河口切变锋是影响河口悬浮泥沙分布的主要因素（王厚杰等，2006；师长兴等，2009）。最后，河口拦门沙具有长度短，顶部水浅以及前缘坡陡 3 个特点（李泽刚等，1997），前人利用实测数据统计量算拦门沙冲淤变化的过程、变化量（孙效功等，1993），探讨其形成和演化的规律及机制（陈彰榕等，1997）。河口拦门沙的形成与演化和最大浑浊带息息相关，从黄河口最大浑浊带角度探讨黄河口拦门沙形成机理尚鲜有报道。

海洋水动力特征及其变化是开展其他研究的基础，前人主要从波浪、潮汐和潮流等方面开展研究。如庞家珍等（2000）利用 20 世纪后 50 年的完整的实测资料，对黄河口水文特征开展定量的论述。有关黄河入海水沙输运，李广雪等（1998）基于实测数据资料，结合遥感资料解译分析，探讨了黄河入海水沙通量在黄河河口段的输运扩散结构和特征，黄河水下三角洲的沉积演化过程以及沉积动力的变化（2000）。Li 等（2001）依据实测数据资料、航空卫片解译分析，对河口锋对河口悬浮泥沙输运的影响进行分析探讨，研究认为，河口锋是黄河河口悬浮泥沙落淤的重要动力因素。Wang 等（2007）研究认为，河口锋的形成主要受不同性质的潮流的影响，河口锋对黄河入海悬浮泥沙的输运扩散有重要影响。胡春宏等（1996）对黄河口潮流、余流、风暴潮等水动力进行分析。

在黄河三角洲海床稳定性研究方面，主要利用多期次海图水深对比方法，结合“3S”技术开展海床、岸滩冲淤变化过程及原因探讨。侍茂崇等（1985）开展了黄河河口温度、盐度，以及悬沙浓度和潮流等的实地观测，对在老清水沟流路时期黄河口海域的水文特征进行了探讨。黄世光等（1990）基于不同期次水深地形对比分析，分析探讨了黄河三角洲海域的冲淤变化量、冲淤特征及其变化规律。李泽刚（1984）则主要利用黄河河口及其邻近海域潮流的分布规律进行了调和分析，探讨了其对泥沙的输移作用。在黄河三角洲海域底质沉积物研究方面，对滨海区沉积物的研究相对较少，主要局限在局部岸段的潮间带和水下三角洲有限样品资料进行分析，如李向阳等（2008）分析了黄河三角洲孤东海域沉积物及水动力特征；陈小英等（2006）将黄河三角洲滨海区划分为废弃三角洲滨海区、现行河口区和莱州湾滨海区 3 个沉积环境。

1.2.3 工程物探探测技术发展现状

借助工程物探手段进行环境地质和灾害研究的主要仪器设备包括：侧扫声呐（side scan sonar）、浅地层剖面仪（sub-bottom profiler）、多波束测深系统（muti-beam echo sounder）及磁力仪（magneto-meter）等，前两者最为常见而且方便。浅地层剖面勘探是一种基于水声学原理的连续走航式探测浅部地层结构、构造的地球物理方法。侧扫声呐是利用回声测深原理探测海底地貌和水下障碍物的仪器设备。基于浅地层剖面仪和侧扫声呐，可有效获得海底及其以下地层中存在异常地质体、浅部地层结构和构造，进而辨识海底及浅部地层存在的埋藏古河道、浅部断层、软弱地层和浅部基岩等典型灾害地质类型。

（1）浅地层剖面仪勘探技术发展历程

浅地层剖面仪是在测深仪的基础上发展起来的，其发射频率更低，低频声波信号通过水体穿透海底后，继续向海底深层穿透，结合地质解释分析，探测海底浅部地层的结构和构造。浅地层剖面仪采用的技术主要包括压电陶瓷式、声参量阵式、电火花式和电磁式 4 种类型，其中压电陶瓷式分为固定频率和线性调频（Chirp）两种。电火花式利用高电压在海水中的放电产生声音的原理。声参量阵式是基于差频原理，进行水深地形测量和浅地层剖面勘探的。电磁式多为不同类型的 Boomer，穿透深度及分辨率适中。

20 世纪 80 年代，美国 Datasonics 公司与罗得岛州州立大学的海军研究所及美国地质调查局联合开发“Chirp”压缩子波，广泛应用于海底浅地层剖面勘探中（丁维凤等，2006）。Chirp 子波因其宽的频带、长的脉冲延续时间和似白噪声的频率扫描特点，经过波振幅包络和相关处理后，具有很高的地层分辨率和资料信噪比，在海底浅地层调查中被广泛采用。发射较宽的线性调频脉冲，具有一定穿透深度，同时不降低垂直分辨率。其中 GeoChirpⅡ采用线性调频声呐作为声源，探测海底浅地层构造情况的一种浅地层剖面仪。为了产生具有足够穿透力的低频，换能器必须做得足够大而重，分辨率也较差。于是人们提出了参量阵（非线性调频）原理，利用该原理德国 Innomar 公司生产了 SES-96 参量阵测深/浅地层剖面仪。总体来看，Chirp 技术在地层分辨率上具有极高的性能，而其勘探深度的限制又使其应用范围具有很大的限制。同时传统的 Boomer 为电磁式剖面仪，但其声能发射机（震源）输出的电压通常为几千伏，针对该问题，研究人员在设计上进行了重大改进，采用独特低压技术的新型浅地层剖面仪（C-Boom）应运而生。

浅地层剖面探测技术起源于20世纪60年代初期。70年代以来，随着近海油气资源的大规模开发和各种近岸水上工程建设不断增加，以及各种地质灾害事件的频繁发生和发现，浅地层剖面探测的重要性越来越为人们所认识（魏恒源等，1996；赵铁虎等，2002；李平等，2010；2011）。同时，浅地层剖面探测设备呈现多元化的发展趋势，目前广泛使用的浅地层剖面探测设备的主要产品类型及其技术规格如表 1. 2-2 所示。

表 1. 2-2 浅地层剖面设备的主要产品及其技术规格（刘保华，2005）

生产厂家	型号	频率 (kHz)	分辨率 (cm)	穿透深度 (m)	工作水深 (m)
Innomar	SES-96	96 和 108 差频	3	10	0
	SES-2000	3. 5~12 和 100 差频	5	<50	3~1500
EdgeTech	3100-G	4~24	4~8	2~40	300
	3300	2~16	6~10	6~80	3000
Benthos	SIS-1000	2 和 7（Chirp）	20	50	2000
	SIS-3000	2 和 7（Chirp）	10	50	3000
C-Products	C-BOOM	0. 5~3	30	80	0
GeoAcoutics	GeoChirp Ⅱ	0. 5 和 13（Chirp）	6	根据岩性定	3000
	GeoPulse	2~12	10~20	根据岩性定	0

1）浅地层剖面主要声学剖面类型

浅地层剖面勘探所获取的声学记录剖面是地质剖面的真实反映。声学地层层序是沉积层序在浅地层声学记录剖面上的反映（图 1. 2-1）。根据声学地层反射波的振幅、频率、相位、连续性和波组组合关系等，判读声阻抗反射界面，进而划分声学反射界面（李平等，2011）。

凡波阻抗存在差异的界面上都能发生波的反射。声学地层及其层序地层分布变化，其实质是地层界面间声波阻抗反射特征的差异与变化。浅地层剖面声学图谱的地质解译判读，主要根据沉积物岩性变化、沉积物密实度、沉积结构构造与层理特征，沉积层的延伸与错断情况。多次反射是当存在多个波阻抗界面时，声波在某个界面反射后可能在另一个界面又进行一次以上的反射后返回海面。通常多次反射波也是一种干扰，如果将其作为一次反射波来解释的话，往往会得出错误结论。识别多次波最准确可靠的方法是

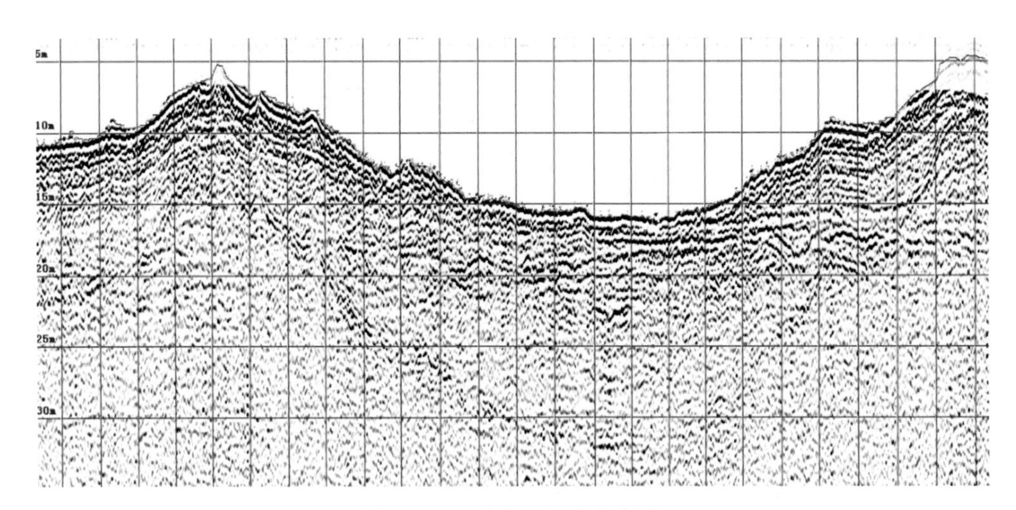

图 1.2-1　典型地层声学剖面

利用地质钻孔资料、区域地质资料或与其他物探成果进行多次对比分析。

浅地层剖面声学图谱干扰类型主要为直达波干扰和侧向发散干扰。直达波由于换能器基阵 90°方向灵敏度较高，换能器发射声波一部分向水平方向射出，该部分声波直接被接收换能器接收，形成直达波记录。当收发换能器的间距小于测区水深的两倍时，直达波反映在海底线之上，呈现细而均匀的线条与零位线平行，呈现多条平行线。侧向发射干扰主要是由于发射换能器具有较大波束角，当船近岸壁和突起暗礁时有反射面进而形成的侧向反射干扰图像。

2）浅地层剖面典型声学图谱

浅地层剖面声学图谱是由一定灰度的点状、块状和线状图形组合而成的声学图像，反映了不同性质的海底浅部地层特征（徐怀大等，1990）。浅地层剖面声学图谱从地质意义上来说，主要反映历史时期海岸进退以及海面升降变化，在冲积平原或近岸环境中反映沉积环境变迁。

简单层理包括平行层理和发散层理。平行简单层理为点状、线状图像，反映了沉积物平稳、均匀一致沉降，表明在低能沉积环境中的细颗粒沉积物。发散型沉积层结构主要反映相对稳定或稳定下沉的大陆架，以及盆地充填等匀速沉积环境。发散结构意味着沉积速率上有侧向变化或沉积表面的逐步倾斜。简单层理常形成于海平面上升后的浅海环境中，多为细粒沉积物的沉积层。平行层理主要在海平面上升后的浅海环流作用下形成，同时也表明沉积层组成多是泥或者粉细砂（李平等，2011）。

复杂层理可进一步划分为复杂斜层理、“S”型复杂层理和杂乱层理 3 种类型。复杂斜层理是由点状、线状和点线状图形组成的不平行倾斜状图形，通常表示河流、河流三角洲或者近岸平原等沉积环境（图 1.2-2）。“S”型复杂层理是由“S”型线状或块状图形组合而成的图像，通常代表三角洲及浅海环境，沉积物粒度从细到粗的沉积序列。杂乱层理是由不连续、不整合的点状或线状图形组合的图像，表示高能量沉积环境，它反映各种不同的沉积速率，或者沉积后基底瓦解，崩积后残与堆积等沉积过程。

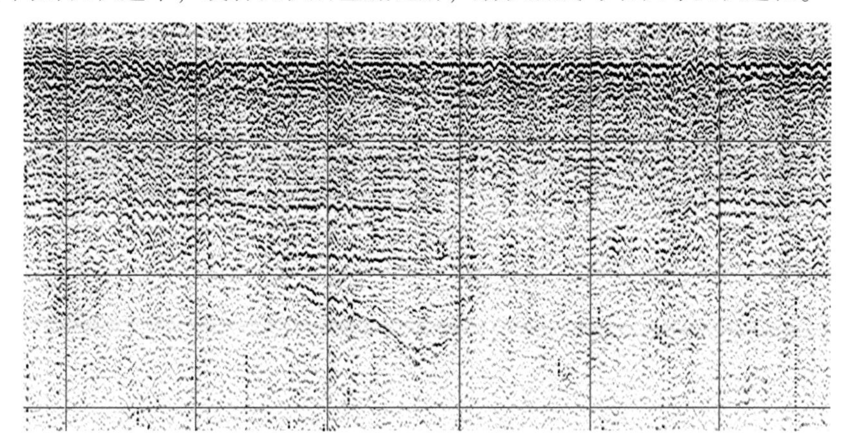

图 1.2-2 海底浅部地层中发育的典型碟状洼地及扰动体

点、线状平行或微倾斜声学图像表明河流泛滥平原或河流决口扇，形成粗、细粒混杂的沉积层。点线状斜交的倾斜层理图像显示该层形成的河道，河道中的粗粒沉积物的交错层理。点线状杂乱层理图像表明该沉积层是粗粒的沉积物，沉积物可能残积或崩积形成沉积层，该层顶部被认为是在低海平面时期形成的地表侵蚀面（李平等，2011）。

无声反射带是声学图谱中不存在具有一定灰度的点状、块状和线状图形，而几乎是一片空白带或干扰图像（图 1.2-3）。点状图形无序组合图像通常表明该层为声波屏蔽带，也可称无声反射带或无声信号带，一般认为，该沉积物中含有气体或泥炭层，该层高分辨率的高频信号衰减得最快，或者说声波信号被较快吸收，因此，声波在该层穿透深度很小。产生无声反射带的原因是沉积物中有天然气或泥炭层，或者为均一的粉细砂层（潘国富等，1991）。另外，由于含气沉积物对声能量的屏蔽作用，有时剖面在反映含气沉积物的杂乱反射下也会出现无反射区。

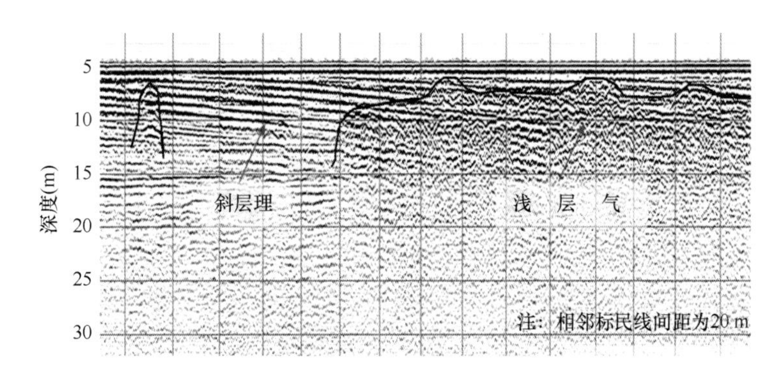

图 1.2-3 浅部地层无声反射带（闫章存，2007）

（2）侧扫声呐声学探测技术发展历程及现状

第一次世界大战前后，科学家发明了利用声波测深原理的回声测深仪。战后英国为了搜寻水下潜艇开展了水下拖曳式图像声呐系统的研究工作。1938 年，英国皇家海军率先发明了声呐，并将其用于部队的军事活动。1960 年，英国海洋科学研究所研制出第一台侧扫声呐并用于海底地质调查。20 世纪 60 年代中期，侧扫声呐技术得到改进，提高了侧扫声呐声学图谱的分辨率和图像质量。与此同时，美国早期开发的系统被称为“海洋底质扫描声呐”（OBSS），由位于宾夕法尼亚州皮茨堡的威斯汀豪斯实验室发明的。美国水雷防御实验室在威斯汀豪斯电子公司和其他厂家，在 Bendix 与 Grumman 的帮助下，实验了适合于浅水工作高频换能器。这种仪器的显著特点是图像里面有目标后面所产生的阴影，测试取得成功，最终产品被称为“Shadowgraph”（阴影仪）。20 世纪 70 年代，侧扫声呐在国外开始得到广泛应用。我国一贯注重对国外先进技术的跟踪和自我开发研制工作。中国科学院声学研究所研制生产的 CS-1 型侧扫声呐，其主要性能指标已达到了世界先进水平。

1）侧扫声呐工作原理

侧扫声呐工作原理示意图如图 1.2-4 所示。其换能器发出左、右两条具有扇形指向性的脉冲信号，当侧扫声呐声脉冲信号以球面波的方式发出，向四周传播之后，当其碰到海底后反射波或反向散射波则首先返回到换能器，一般来说，距离近的回波先到达换能器，距离远的回波后到达换能器。通常情况下，换能器正下方海底的回波首先返回，倾斜方向的回波信号后到达。由此而来，当发出一个很窄的脉冲信号之后，收到的回波信号通常是一个时间很长的脉冲串。硬的、粗糙的和突起的海底返回的回波强，而软的、平坦的和下凹的海底则回波较弱。被突起遮挡的海底则没有回波，这一部分形成声影区。这样一来，回波脉冲串各处的幅度就大小不一，回波幅度的高低通常就包含了海底起伏大小和软硬等信息。海底隆起形态在扫描线上的灰度特征是前黑后白，亦即黑色反映目标实体形态，白色为阴影。海底凹坑形态在扫描线上的灰度特征是前白后黑，亦即白色是凹洼前壁无反射回声波信号，黑色是凹洼后壁迎声波面反射回波声信号加强。一次发射一般会获得换能器两侧一窄条海底的信息，设备显示成一条线。在工作船向前航行时，换能器按固定的发射频率进行发射/接收操作，换能器设备将接收到的一条线数据显示出来，得到了二维海底地形地貌声图，声图以不同颜色（伪彩色）或不同的灰度表示海底起伏特征，据此来判断海底地形地貌特征。声图依据扫描线像素的灰度变化显示目标轮廓和结构以及地貌起伏形态。

2）侧扫声呐主要设备类型

当前侧扫声呐主要生产厂家包括：Benthos（Datasonics，Teledyne Bnethos），C-MAX，EdgeTech（EG & G），GeoAcoustics（Ferranti O. R. E.），JW Fishers，L-3Klein

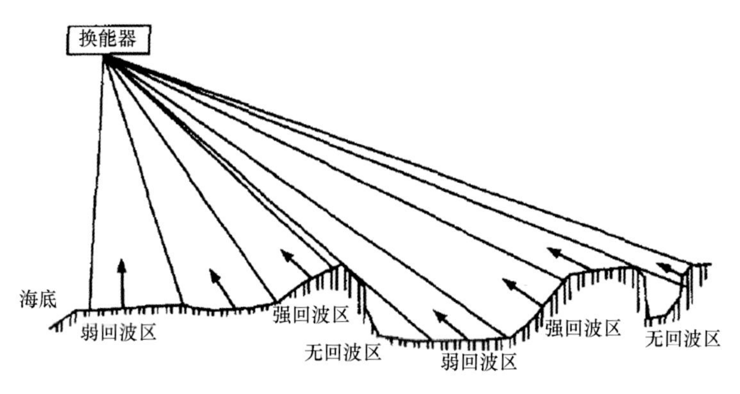

图 1.2-4 侧扫声呐工作原理示意图

(Klein), Marine Sonic, Quest Electronics, Ultra (Dowty) 和 Wesmar 等。侧扫声呐按发射频率可以分为高频、中频和低频侧扫声呐；按发射信号形式可以分为 CW 脉冲和调频脉冲 (Chirp) 侧扫声呐；按安装方式可以分为平台式、舷挂式和拖曳式；按频率情况可以分为单频和双频侧扫声呐；按波束数量可以分为单波束和多波束等。

1.3 主要框架结构与内容思路

本书基于覆盖黄河三角洲近岸海域侧扫声呐和浅地层剖面数据资料解译圈定识别了黄河三角洲近岸海域海底浅、表层存在的 7 种典型常见的灾害地质类型，阐述各典型灾害地质类型的声学图谱特征、发育机制和空间分布特征，分析了各灾害地质类型形成发育的主要影响因素及其区域分异规律，在此基础上，探索性地利用聚类分析法对黄河三角洲近岸区域进行灾害地质分区研究。在上述工作的基础上，对灾害地质类型形成发育的影响因素及其区域分异特征进行探讨，利用聚类分析的方法探索性开展黄河三角洲近岸海域灾害地质类型的分区研究，从黄河入海水沙通量、海床稳定性、海洋水动力和底质沉积物类型与分布 4 个影响因素探讨分区结果的合理性，本书框架结构及主要内容 (图 1.3-1) 如下。

(1) 由浅地层剖面和侧扫声呐声学图谱的解译判读的结果，发现黄河三角洲近岸海底浅表层发育 7 种典型常见的灾害地质类型。基于覆盖整个黄河三角洲近岸海域的 3200 km浅地层剖面和侧扫声呐数据，根据浅地层剖面和侧扫声呐数据解译识别出浅部地层灾害地质类型主要是埋藏古河道和地层扰动，海底表层灾害地质类型主要包括凹坑、侵蚀残留体、砂斑、沙波和冲刷槽等灾害地质类型。凹坑、侵蚀残留体和冲刷槽等侵蚀型灾害地质类型主要分布在研究区废黄河叶瓣及其附近海域，研究区中部神仙沟—飞雁滩近岸局部海域亦有分布；沙波主要分布在研究南部孤东海域海底，砂斑分布与砂质沉积分布范围高度一致；沙波主要分布在现行河口及其近岸海域。地层扰动较集中分布在

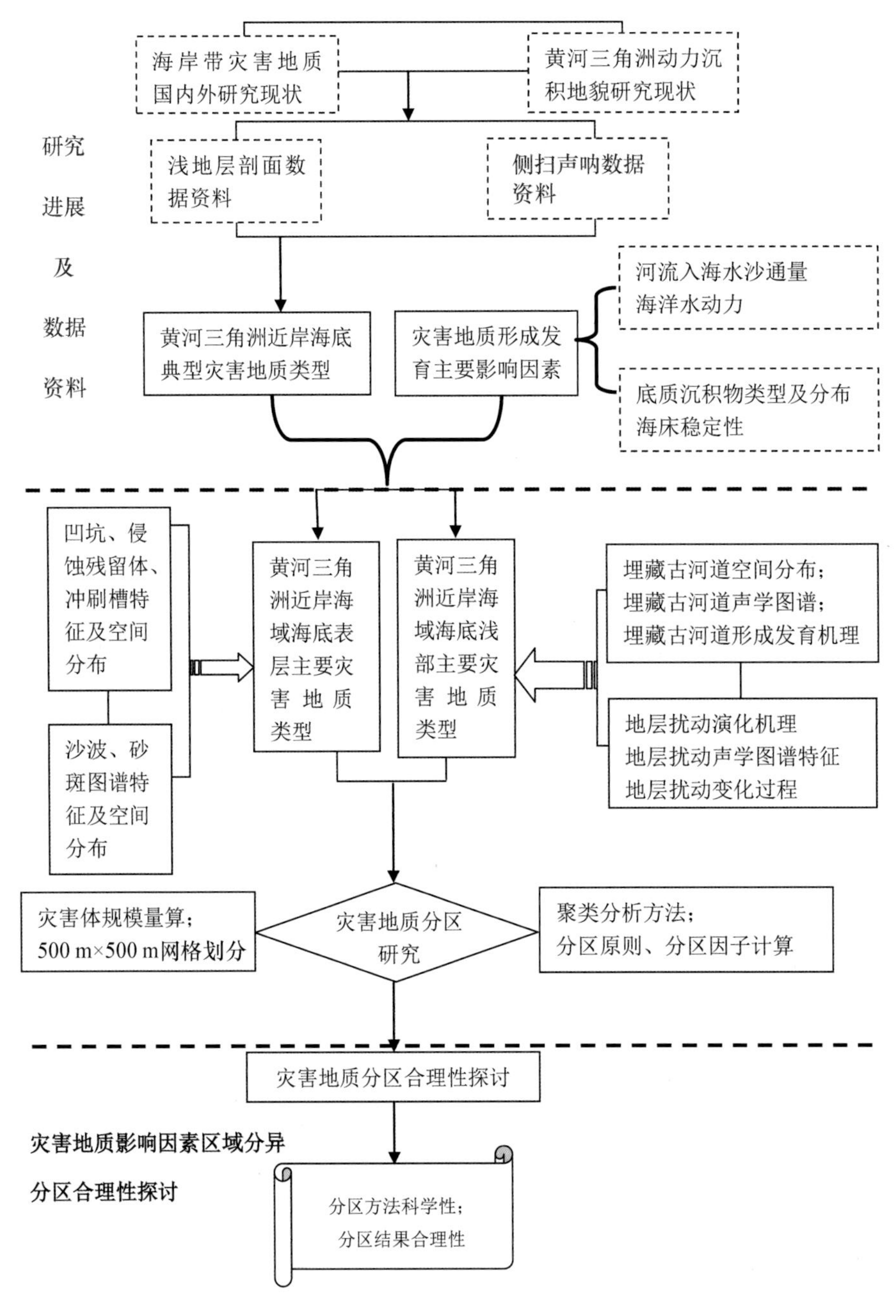

图 1.3-1　本书结构框架、技术路线

黄河三角洲东北部埕岛海域，与粉砂质沉积区具有一致的分布趋势。

（2）通过浅地层剖面—浅部地层埋藏古河道—历史时期黄河尾闾流路的研究思路，基于浅地层剖面探测数据解译辨识得到黄河三角洲近岸海域历史时期黄河尾闾流路变迁过程，结果表明，研究区埋藏古河道大致呈 3 条 NE—SW 走向的带状分布。赋存在海底浅部地层中的埋藏古河道，是历史时期河流尾闾改道留下的“印迹”。近年来，高分辨率浅地层剖面仪的广泛应用，使得近岸海域大范围、高精度与高密度浅地层剖面数据的获取更加便捷，为发现埋藏古河道、追踪反演历史时期河流尾闾摆动变迁过程提供了可能性。以覆盖黄河三角洲近岸海域 3200 km 浅地层剖面数据为基础，围绕高分辨率浅地层剖面声学图谱—海底浅部地层埋藏古河道—近代黄河尾闾流路之间的响应关系开展研究。依据浅地层剖面声学图谱的断面形态特征以及河流相砂的充填沉积特征，圈定辨识并确认埋藏古河道，量算其空间位置、埋藏层位及其规模范围，结合地质钻孔及古环境信息判断其形成年代。在此基础上，建立不同埋藏层位的古河道与不同年代黄河尾闾流路之间的“对应”关系，进而构建近代黄河尾闾流路改道变迁过程模式。结果表明，基于浅地层剖面探测的黄河尾闾流路研究结果与现有的黄河尾闾流路变迁过程趋势相一致，基本反映了近代黄河尾闾流路的变迁过程。利用浅地层剖面解译的方法，共解译识别得到埋藏古河道位置有效点 20 个，据此构建了 3 条近代黄河行水流路，3 条尾闾行水流路为不同年代黄河现时行水河道。3 条解译所得黄河尾闾流路基本上为 NE—E 走向，其中 NE 走向的为两条，E 走向的为 1 条，基本确认其为当时黄河尾闾的 3 次行水路线。

（3）基于聚类分析方法将黄河三角洲近岸海域划分为 5 个灾害地质区，即钓口叶瓣浪控严重侵蚀灾害地质区、神仙沟叶瓣浪流共同作用多灾种灾害地质区、现行河口河控堆积型灾害地质区、深水区单灾种灾害地质区和埕岛油田潜在灾害地质区。围绕解译辨识出的广泛发育的海底浅部地层灾害地质类型（埋藏古河道、地层扰动）以及海底表层灾害地质类型（凹坑、侵蚀残留体、砂斑、沙波和冲刷槽）7 种典型灾害地质类型，根据灾害地质类型数量以及凹坑深度、侵蚀残留体高度、冲刷槽长度、砂斑面积、沙波波长、埋藏古河道宽度和地层扰动深度等表征参数作为分区指标，利用聚类分析将黄河三角洲近岸海域划分为以上 5 个灾害地质区。

（4）黄河三角洲近岸海底浅表层典型灾害地质类型形成发育的影响因素主要包括黄河入海水沙通量变化及其扩散运移、波流海洋水动力变化、近岸海底海床稳定性以及海底表层底质沉积物类型及分布。黄河一年中大多数时间入海泥沙很少，黄河入海泥沙扩散范围非常小，而调水调沙在短期内汇聚巨量泥沙，形成集中输沙，聚沙外输的优势，短时间内完成入海泥沙在河口的集中堆积，调水调沙试验期间入海水沙通量形成短期巨量高含沙的变化特征，入海泥沙扩散范围扩大，数值模拟结果表明其最大扩散影响范围约 20 km×40 km。黄河入海泥沙变化及扩散影响范围主要影响灾害地质类型发育物源供给，决定着灾害地质类型的类型和分布；海洋水动力是灾害地质形成的动力因素，决定灾害地质类型的分布范围和规模；海岸海床稳定性是灾害地质活动性的影响因素，决定着灾害地质类型的活动性；底质沉积物类型决定着局部区域灾害地质类型的空间分异。

（5）从灾害地质类型形成发育的主要影响因素的区域分异及影响机制分析表明，基于聚类分析方法所建立的黄河三角洲近岸海域海底浅表层灾害地质分区结果具有一定合理性，基本反映了灾害地质类型空间分布和成因机理的区域差异性。基于浅地层剖面和侧扫声呐勘探数据，利用聚类分析方法开展的分区研究，在黄河三角洲近岸海域灾害地质分区研究上是一次新的尝试。从海岸海床稳定性、黄河入海水沙通量及其扩散变化、底质沉积物特征与分布及海洋水动力 4 个方面对分区的合理性进行探讨，表明分区结果合理可靠，基本反映了灾害地质分区的区域差异。

参考文献

毕乃双，杨作升，王厚杰，等，2010. 黄河调水调沙期间黄河入海水沙的扩散与通量［J］. 海洋地质与第四纪地质，30（2）：27-34.

别君，黄海军，樊辉，等，2006. 现代黄河三角洲地面沉降及其原因分析［J］. 海洋地质与第四纪地质，26（4）：29-35.

别君，2006. 基于 GIS 的黄河三角洲地面沉降研究及相关分析［D］. 中国科学院海洋研究所硕士学位论文.

曾庆华，张世奇，等，1997. 黄河口演变规律及整治［M］. 郑州：黄河水利出版社.

陈沈良，谷国传，张国安，2004. 黄河三角洲海岸强侵蚀机理及治理对策［J］. 水利学报，7：1-7.

陈沈良，张国安，陈小英，等，2005. 黄河三角洲飞雁滩海岸的侵蚀与机理［J］. 海洋地质与第四纪地质，25（3）：9-14.

陈卫民，杨作升，Prior D B，等，1992. 黄河口水下底坡微地貌及其成因探讨［J］. 青岛海洋大学学报，22（1）：71-81.

陈小英，陈沈良，刘勇胜，2006. 黄河三角洲滨海区沉积物的分异特征与规律［J］. 沉积学报，24（5）：714-721.

陈义兰，周兴华，刘忠臣，2006. 应用 INSAR 进行黄河三角洲地面沉降监测研究［J］. 海洋测绘，26（2）：16-19.

陈彰榕，1997. 现行黄河口拦门沙的形态和演化［J］. 青岛海洋大学学报，27（4）：539-545.

程义吉，何富荣，2003. 黄河三角海岸侵蚀与防护技术［J］. 海岸工程，22（4）：1-6.

程义吉，2000. 黄河口清 8 出汊后流路演变分析［J］. 海岸工程，19（4）：12-17.

丁维凤，冯霞，来向华，等，2006. Chirp 技术及其在海底浅层勘探中的应用［J］. 海洋技术，25（2）：10-14.

杜军，李培英，刘乐军，2004. 东海油气资源区海底稳定性评价研究［J］. 海洋科学进展，22（4）：480-485.

杜军，李培英，魏巍，等，2008. 中国海岸带灾害地质稳定性区划［J］. 自然灾害学报，17（4）：1-6.

樊辉，黄海军，唐军武，2007. 黄河口水体光谱特性及悬沙浓度遥感估测［J］. 武汉大学学报（信息科学版），32（7）：601-604.

胡春宏，吉祖稳，王涛，1996. 黄河口海洋动力特性与泥沙的输移扩散［J］. 泥沙研究，（4）：1-10.

黄海军，1994. 黄河口海域悬沙光谱特征的研究［J］. 海洋科学，5：40-44.

黄世光，王志豪，1990. 近代黄河三角洲海域泥沙的冲淤特征［J］. 泥沙研究，2：13-23.

李殿魁，等，2002. 延长黄河口清水沟流路行水年限的研究［M］. 郑州：黄河水利出版社，88-90.

李凡，1990. 南海西部灾害性地质研究［J］. 海洋科学集刊，31：25-29.

李广雪，庄克琳，姜玉池，2000. 黄河三角洲沉积体的工程不稳定性［J］. 海洋地质与第四纪地质，20（2）:21-26.

李广雪，庄克琳，姜玉池，2000. 黄河三角洲沉积体的工程不稳定性［J］. 海洋地质与第四纪地质，（02）：21-26.

李广雪，庄振业，韩德亮，1998. 末次冰期晚期以来地层序列与地质环境特征［J］. 青岛海洋大学学报，28（1）：161-166.

李广雪，1999. 黄河入海泥沙扩散与河海相互作用［J］. 海洋地质与第四纪地质，19（3）：1-10.

李俊杰，李广雪，文世鹏，等，2007. 黄河三角洲埕岛海域浅地层剖面结构与灾害地质［J］. 海洋地质动态，23（12）：8-13.

李培英，杜军，刘乐军，等，2007. 中国海岸带灾害地质特征及评价［M］. 北京：海洋出版社.

李培英，李萍，刘乐军，等，2003. 我国海洋灾害地质评价的基本概念、方法及进展［M］. 海洋学报，25（1）：122-134.

李培英，吴世迎，臧启运，等，1992. 黄河海港地区潮滩地貌及其蚀淤变化［J］. 海洋学报，14（6）：74-84.

李平，杜军，2011. 浅地层剖面探测综述［J］. 海洋通报，30（3）：344-350.

李平，丰爱平，陈义中，等，2010. 2005 年黄河调水调沙期间入海泥沙扩散过程［J］. 海洋湖沼通报，（4）：72-78.

李向阳，陈沈良，胡静，等，2008. 黄河三角洲孤东海域沉积物及水动力［J］. 海洋地质与第四纪地质，28（1）：43-49.

李泽刚，1997. 黄河口拦门沙的形成和演变［J］. 地理学报，52（1）：54-62.

李泽刚，1984. 黄河三角洲附近海域潮流分析［J］. 海洋通报，3（5）：12-16.

刘保华，丁继胜，裴彦良，等，2005. 海洋地球物理探测技术及其在近海工程中的应用［J］. 海洋科学进展，23（3）：374-384.

刘杜娟，潘国富，叶银灿，2010. 东海陆架典型海洋灾害地质因素及其声反射特征［J］. 海洋通报，12-15：664-668.

刘乐军，2004. 东海灾害地质分区研究的理论与实践［D］. 北京：中国科学院研究生院博士学位论文.

刘守全，刘锡清，王圣洁，等，2000. 南海灾害地质类型及分区［J］. 中国地质灾害与防治学报，11（4）：39-44.

吕学军，2011. 黄河三角洲主要自然灾害类型与分布特征［J］. 滨州学院学报，27（3）：43-49.

米里曼，秦蕴珊，1985，南黄海地质灾害研究（平淑坤译）. 海洋科学译报，3，1-6.

潘国富，1991. 浅层地震声学剖面的声地层学解释［J］. 海洋地质与第四纪地质，11（1）：93-104.

庞家珍，姜明星，等，2000. 黄河口径流、泥沙、海岸线变化及其发展趋势［J］. 海洋湖沼通报，（4）：1-6.

秦蕴珊，赵一阳，1989. 黄海地质［M］. 北京：科学出版社.

任美锷，1990. 海平面上升与地面沉降对黄河三角洲影响初步研究［J］. 地理科学，10（1）：48-57.
任汝信，刘小红，2000. 黄河口河段近期冲淤变化与排洪能力分析［J］. 人民黄河，22（3）：14-16.
师长兴，2009. 黄河河口泥沙扩散规律分析—以钓口河流路为例［J］. 地理科学，29（1）：83-88.
侍茂崇，赵进平，孙月彦，1985. 黄河口附近水文特征分析［J］. 山东海洋学院学报，15（2）：81-95.
宋召军，张志珣，刘立，2003. 南黄海海底灾害地质类型的识别［J］. 海洋地质动态，19（4）：8-11.
孙效功，陈彰榕，1993. 黄河三角洲冲淤定量计算及其机制探讨［J］. 海洋学报，（15）：129-136.
王栋等，2006. 黄河水沙特征及调水调沙下的入海水沙通量变化［J］. 地理学报，55-65.
王厚杰，杨作升，毕乃双，等，2005. 2005年黄河调水调沙期间河口入海主流的快速摆动［J］. 科学通报，2656-2662.
王厚杰，杨作升，等，2006. 黄河口泥沙输运三维数值模拟Ⅰ—黄河口切变锋［J］. 泥沙研究，（2）：1-9.
王开荣，2005. 黄河调水调沙对河口及其三角洲的影响和评价［J］. 泥沙研究，（6）：29-33.
王文海，1987. 我国海岸侵蚀原因及其对策［J］. 海洋开发，（1）：8-12.
魏恒源，1996. 浅地层剖面仪在水域工程勘测中的应用［J］. 华南地震，16（4）：73-79.
夏东兴，王文海，等，1993. 中国海岸侵蚀述要［J］. 地理学报，48（5）：468-475.
徐怀大，王世风，陈开远，1990. 地震地层学解释基础［M］. 北京：中国地质大学出版社.
闫新兴，1993. 现黄河入海泥沙的扩散状况［J］. 水道港口，（4）：35-37.
杨作升，Keller G H，陆念祖，等，1990. 现行黄河口水下三角洲海底地貌及不稳定性［J］. 青岛海洋大学学报，20（1）：7-21.
杨作升，王涛，等，1993. 埕岛油田勘探开发海洋环境［M］. 青岛：青岛海洋大学出版社.
杨作升，等，1987. 黄河口最大浑浊带发育、演变及其影响因素［R］. 山东海洋学院河口海岸研究所.
叶银灿，来向华，等，2011. 中国海域灾害地质区划初步探讨［J］. 中国地质灾害与防治学报，22（4）：102-107.
张建华，徐丛亮，高国勇，2004. 2002年黄河调水调沙试验河口形态变化［J］. 泥沙研究，5：68-71.
张晓龙，李萍，刘乐军，等，2010. 现代黄河三角洲滨海湿地退化评价［J］. 海洋通报，29（6）：685-689.
张治昊，杨明，等，2011. 黄河口海岸冲淤演变的影响因素［J］. 海洋地质前沿，27（7）：23-27.
赵铁虎，张志珣，许枫，2002. 浅水区浅地层剖面测量典型问题分析［J］. 物探化探计算技术，24（3）：215-219.
赵维霞，杨作升，冯秀丽，2006. 埕岛海区浅地层地质灾害因素分析［J］. 海洋科学，30（10）：20-24.
周良勇，刘健，刘锡清，等，2004. 现代黄河三角洲滨浅海区的灾害地质［J］. 海洋地质与第四纪地质，24（3）：19-27.
周永青，1998. 黄河三角洲北部海岸水下岸坡蚀退过程及主要特征［J］. 海洋地质与第四纪地质，18（3）：79-84.
Bornard B D, Yang Z S, Keller GH, et al., 1986. Sedimentary framework of the modern Huanghe (Yellow River) Delta [J]. Geo-Marine Letters, 6: 77-83.

Li G, Yang Z, Yue S, et al. , 2001. Sedimentation in the shear front off the Yellow River Mouth . Continental Shelf Research, (21): 607-625.

Liu Yong, and Huang Hai-jun, 2013. Characterization and mechanism of regional land subsidence in the Yellow River Delta, China [J] . Natural Hazards, 68 (2): 687-709.

Liu S Q, Liu X Q, Wang S J, et al. , 2002. Discussion on some problems in compilation of hazardous geological map (1 : 2 000 000) of South China Sea. Chin J Geol Hazard Control 13 (1): 17-20.

Prior D B, Yang Z S, Bornhold B D, et al. , 1986 . Active slope failure, sediment collapse, and silt flows on the modern SubaqueousHuanghe [J] . Geo-Marine Letters, 6: 85-95.

Prior D B, Suhayda J N, et al. , 1989. Storm wave reactivation of a submarine landslide [J] . Nature, 341: 47-50.

Wright L D, Wiseman W J et a1. , 1990. Processes of marine dispersal and deposition of suspended silts of the modern mouthofthe Huanghe [J] . Continental Shef Research, (10): 1-40.

Wang H J, Yang Z S, Li Y H, et al. , 2007. Dispersal pattern of suspended sediment in the shear frontal zone off the Huanghe (Yellow River) mouth. Continental Shelf Research, (27): 854-871.

Yang Z S, Chen WM, Chen ZR, et al. , 1994 . Subaqueous landslide system in the Huanghe River (Yellow River) Delta [J] . Oceanologiaet limnologia Sinica, 25 (6): 573-581.

第2章　现代黄河三角洲沉积环境及演化过程特征

黄河三角洲沉积模式，与河流改道变迁过程及其黄河入海径流、泥沙通量变化息息相关。1128—1855年，黄河由徐淮入海，渤海西岸发育形成以河道沉积、河口沉积、三角洲沉积和滨海沉积的相结合的复杂沉积体系。1855年以来，在现代黄河三角洲北部以渤海浅海沉积为主，南部发育形成以大清河等短源河流沉积为主的沉积体系。黄河三角洲主要涵盖3个不同类型与沉积特征的相带，三角洲平原相为多种亚环境复杂复合体，为近现代黄河三角洲体系中发育完整的相带单元；三角洲前缘相是三角洲体系中沉积速度最快的浅水环境，是水下三角洲的主体组成部分。在以黄河为主强河流径流、泥沙影响作用下，径流泥沙驱动河口三角洲岸线不断向海推进演化，三角洲前缘砂超覆在前三角洲粉砂质淤泥相之上，形成自下而上逐渐变粗的海退序列；前三角洲相发育形成在三角洲前缘向海侧，从三角洲前缘向外延展，其边缘在水深17~20 m处过渡到浅海陆架区。黄河入海泥沙中少部分粒径小于0.015 mm的极细颗粒沙主要向外海扩散，大部分粒径在0.125~0.025 mm之间的极细砂、粗粉砂粒级沉积在三角洲前缘，以河口沙坝和沙嘴形式造陆，岸线持续向海推进。沙嘴不断向外延伸，行水河道纵比降逐渐减小，当沙嘴延伸到一定长度，比降减小至临界值，在适当水流条件下尾闾河道发生决口改道，在三角洲其他部位入海扩展发育，不断重复这一沉积过程。由于黄河含沙量高、淤积快且尾闾故道改道变迁频繁，难以形成伸长型的三角洲指状沙坝，发育河口沙嘴和沙坝，使三角洲前缘朵状砂及其外缘的席状沙体向前延伸，逐渐覆盖前三角洲泥相，进而形成沉积物向上变粗的层序。

2.1　黄河三角洲沉积环境及其变化

黄河入海水少沙多的常态变化，与短期巨量高含沙短期突变共存，尾闾故道频繁摆荡变迁与多期次叶瓣亚三角洲叠覆变化并存，不同期次亚三角洲叶瓣沉积体相互叠覆，进而形成复杂的沉积体，三角洲沉积相呈现显著的空间分异特征。基于大范围浅地层剖面声学图谱数据的解译判读，及覆盖不同年代行水流路亚三角洲叶瓣的24站短柱状沉积物指标参数的实验分析，开展黄河三角洲现代沉积变化与亚三角洲叶瓣沉积相的分异规律研究。通过短柱状样品的粒度、有机质和植硅体等指标参数的聚类分析，分析发现，不同期次、发育阶段的亚三角洲叶瓣的沉积特征差异明显、沉积相变化分异规律显著。由于尾闾故道改道变迁驱动影响，不同期次的亚三角洲叶瓣分别处于侵蚀退化（刁口河亚三角洲）、冲淤平衡（清水沟、神仙沟亚三角洲）和淤积建造（现行河口亚三角洲）等不同演化阶段，沉积体特征、海底的冲淤动态对于亚三角洲叶瓣的沉积特征具有显著影响。基于聚类分析方法将现代黄河三角洲沉积体划分为 3 类沉积区，Ⅰ类区域以现行河口亚三角洲为主体，概率累积曲线呈现单峰特征，平均粒径平均 4.43 φ、分选中等且偏态为近对称或正偏，反映该沉积区以黄河输沙为主的物源供给，并将持续接受陆相物源供给向海淤进。而Ⅱ类聚类沉积区砂组分含量显著增加，砂组分比例均大于 40%，频率累积曲线为双峰或多峰、分选差，反映该区域为原沉积经侵蚀改造形成的区域，主要受海洋动力剧烈侵蚀扰动。Ⅲ类聚类区概率累积曲线大多数为单峰，平均粒径在 5.26 φ 上下波动、分选差，表明该区域亚三角洲仍处于演变发展过程中，海陆动力、侵蚀堆积过程耦合叠加，发展演变趋势取决于海陆动力条件发展变化。该研究追踪反演黄河三角洲沉积特征与沉积相空间变化，明确了 1855 年以来黄河三角洲发育演变过程模式，为黄河口泥沙沉积与输运研究提供理论参考。

2.1.1　概况

黄河自古“善淤、善决、善徙”，入海水沙“水少沙多”常态化变化与短期巨量高含沙的短期突变过程共存。黄河“三年两决口、百年一改道”，尾闾故道频繁摆荡变迁与多期次叶瓣亚三角洲叠覆并存，1855 年黄河由铜瓦厢决口夺大清河入渤海的 160 余年，形成了包括神仙沟、清水沟、刁口河及现行河口亚三角洲叶瓣等不同期次亚三角洲相互叠覆的复杂沉积体。黄河三角洲冲淤变化、不同演化阶段与亚三角洲叶瓣的叠覆等的多因子耦合影响下，动力沉积呈现显著的空间分异和时间动态变化特征。

海陆及其过渡带沉积相的变化及特征是追踪反演河口古地理环境、推演三角洲沉积旋回过程，开展区域构造判断的重要依据，对大河三角洲现代沉积与三角洲演变的研究具有重要理论基础，并对滩海石油勘探开发等海洋工程设施建设（李广雪等，2000；韩广轩等，2011；章伟艳等，2013；任寒寒等，2014；赵玉玲等，2016），具有非常重要的现实意义。受流域大规模抽取水灌溉、不合理超额水利工程的拦阻影响，近年黄河入海水沙呈“水少沙少”的新情势，黄河水下三角洲由快速淤积向显著侵蚀转变（陈沈良等，2004），具有尾闾故道出汊改道频繁、亚三角洲叶瓣互相叠覆，及现行河口三角洲快速淤积等特点（Xing G P，et al.，2016）。一些学者结合黄河三角洲沉积层厚度的变化、沉积速率与砂层分布变化进行沉积环境划分（李广雪等，1993），对黄河三角洲沉积相的演变过程及其趋势开展研究。黄河三角洲纵向尾闾故道沉积体的叠覆、垂向沉积相叠加

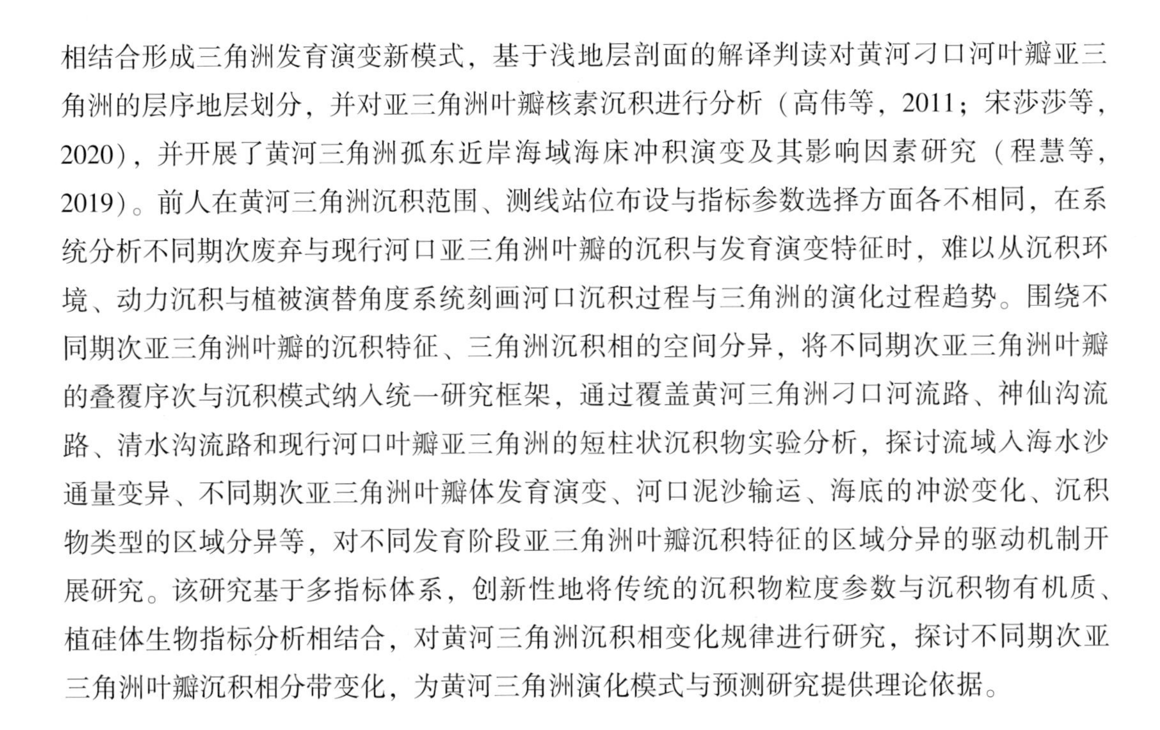

相结合形成三角洲发育演变新模式，基于浅地层剖面的解译判读对黄河刁口河叶瓣亚三角洲的层序地层划分，并对亚三角洲叶瓣核素沉积进行分析（高伟等，2011；宋莎莎等，2020），并开展了黄河三角洲孤东近岸海域海床冲积演变及其影响因素研究（程慧等，2019）。前人在黄河三角洲沉积范围、测线站位布设与指标参数选择方面各不相同，在系统分析不同期次废弃与现行河口亚三角洲叶瓣的沉积与发育演变特征时，难以从沉积环境、动力沉积与植被演替角度系统刻画河口沉积过程与三角洲的演化过程趋势。围绕不同期次亚三角洲叶瓣的沉积特征、三角洲沉积相的空间分异，将不同期次亚三角洲叶瓣的叠覆序次与沉积模式纳入统一研究框架，通过覆盖黄河三角洲刁口河流路、神仙沟流路、清水沟流路和现行河口叶瓣亚三角洲的短柱状沉积物实验分析，探讨流域入海水沙通量变异、不同期次亚三角洲叶瓣体发育演变、河口泥沙输运、海底的冲淤变化、沉积物类型的区域分异等，对不同发育阶段亚三角洲叶瓣沉积特征的区域分异的驱动机制开展研究。该研究基于多指标体系，创新性地将传统的沉积物粒度参数与沉积物有机质、植硅体生物指标分析相结合，对黄河三角洲沉积相变化规律进行研究，探讨不同期次亚三角洲叶瓣沉积相分带变化，为黄河三角洲演化模式与预测研究提供理论依据。

2.1.2 数据资料与研究方法

围绕不同期次黄河亚三角洲叶瓣的沉积特征差异与叠覆演替问题，选择快速淤涨、处于建设发展过程的现行河口亚三角洲叶瓣和以蚀退变化为主、处于侵蚀退化过程的废弃亚三角洲叶瓣及其过渡叠覆区，布设 6 条涵盖不同期次亚三角洲叶瓣及其叠覆过渡区域柱状样品取样站位，Line 1 测线、Line 3 测线、Line 4 测线和 Line 6 测线垂直岸线布设且覆盖不同期次亚三角洲叶瓣，Line 2 测线与 Line 5 测线近似平行岸线布设，以探讨不同年代亚三角洲叶瓣的过渡转换过程及其沉积演替联系。海底浅表层沉积物取样以重力活塞取样方法，通过释放船体固定的重力取样器，利用取样器和配重自身重力的惯性垂直坠入海底，取样器端部刀口在向上提取过程中自动封闭，保存原状沉积物样品并保持沉积物原始结构。采集获取的短柱沉积物样品 24 站（长度 0~87 cm），对采集的短柱状样品竖直放置并冷藏保存，按 5 cm 距离间隔进行不同深度层位分割取样，进行全部沉积物样品的粒度参数、有机质和植硅体实验测试分析（图 2.1-1）。

沉积物粒度参数分析可追踪反演区域的物源，对沉积动力环境变化具有指示意义（庞家珍等，1979）。依据沉积物类型、组分比例和粒度参数特征，进行三角洲沉积特征和沉积相分带划分。粒径大于 2 mm 沉积物粒度参数采用筛析法分析，粒径小于 2 mm 使用美国 Microtrac S 3500 激光粒度分析仪（测试误差<1%，范围 0.02~2800 μm）分析。采用 Shepard 三角分类法命名计算沉积物组分含量（砂、粉砂、黏土），平均粒径 Mz、偏态 Ski、峰态 Kg 和分选系数 σ_i 等粒度参数采用福克-沃特方法计算，绘制沉积物组分分

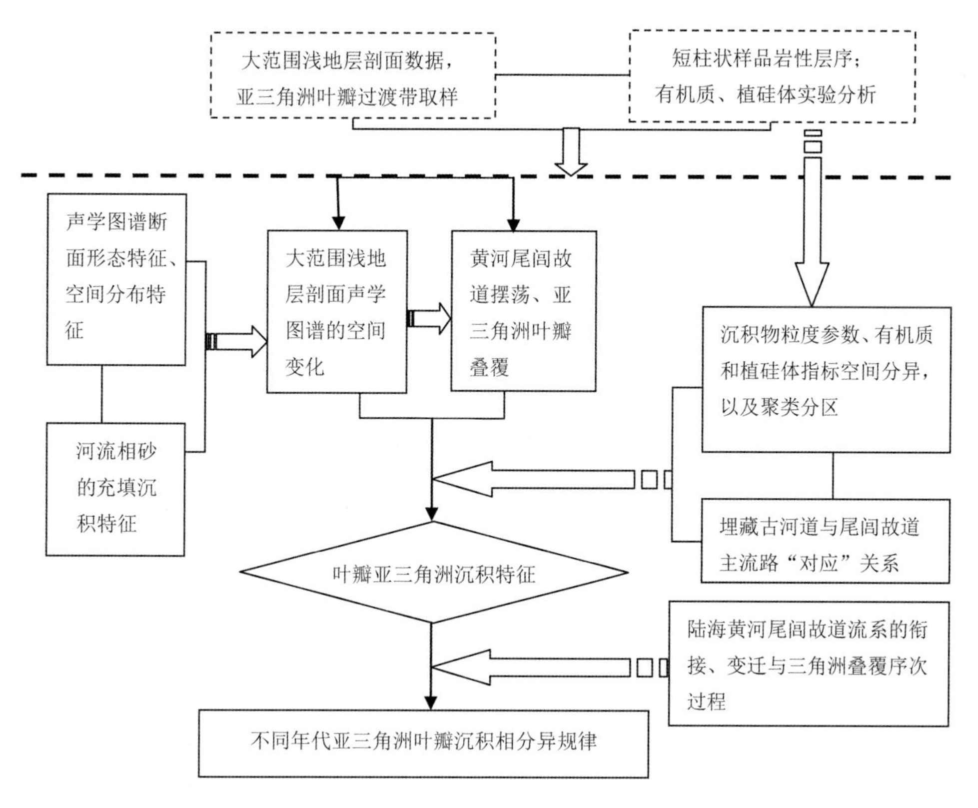

图 2.1-1 研究框架与思路

布、柱状样岩性垂向变化图。

沉积物有机质的含量与沉积物粒径、沉积速率紧密相关，反映河流入海泥沙输送能力（Limin Hu et al.，2016）。有机质以烧失量实验测定，首先选取 20 g 样品研磨成粉末状置于烧杯，在干燥箱 105℃下烘干并将坩埚擦拭干净烘干。待坩埚冷却至室温后称重坩埚质量 m_1，将烘干的样品倒入坩埚后烘干至恒重，冷却至室温后称重得到样品与坩埚质量和 m_2。坩埚放置于马弗炉，在 550℃灼烧 6 h 后迅速置于干燥器。冷却至室温称重样品与坩埚质量和 m_3，则沉积物有机质含量为 $\frac{m_2 - m_3}{m_2 - m_1} \times 100\%$。植硅体是通过高等植物的根系吸收土壤中赋存的硅，并在细胞内或细胞间隙以水合硅形式保存的特殊二氧化硅矿物（王永吉等，1993），南学良等（2015）通过植硅体组合分析法，结合^{14}C 测年，探讨了黄河三角洲近岸环境变化，验证了植硅体对环境的指示意义，表明植硅体可作为古气候代用指标。植硅体的提取首先称将 15 g 样品置于 50 mL 离心管，加入适量 10%的稀盐酸去除钙质胶结物，反应至无气泡产生，用蒸馏水清洗至中性。加入 1 片石松孢子，加入少量 10%的稀盐酸溶解后清洗至中性，加入比重为 2.3 的 $ZnBr_2$溶液，离心后将上层液体倒入新的离心管，添加蒸馏水清洗 2~3 次，观察底部沉淀的制片，基于 Motic 软件鉴定植硅体形态参数。

聚类分析（cluster analysis）主要根据分类目标性质或成因关系的疏密程度，以聚类统计量为分类依据，对客体进行定量分类的多元统计分析方法。聚类统计量是衡量沉积物样品之间或变量之间相似或相关程度。植硅体统计选用 R 型聚类统计变量，根据不同站位或者深度层位植硅体的相似性，定量分析不同位置与深度植硅体的异同。基于变差系数计算法探讨植硅体变化及其指示意义，不同站位沉积物植硅体含量变差系数反映了不同沉积环境植硅体含量变化，反映主要植硅体含量随沉积环境变化的幅度。$V_j = \frac{\sqrt{\delta_j^2}}{E_j} = \frac{\sqrt{\frac{1}{m-1}\sum_{i=1}^{m}(a_{ij}-E_j)^2}}{\frac{\sum_{i=1}^{m}a_{ij}}{m}}$，$V_j$ 代表 j 沉积环境的变差系数，a_{ij} 表示 j 沉积环境第 i 沉积物植硅体含量，m 表示沉积物站位。在分析计算黄河三角洲沉积物参数和概率累积曲线的峰值、分选系数（σ_i）、偏态（Ski）、峰态（Kg）和平均粒径（Mz）等参数基础上，运用 Ward 法对沉积物粒度参数进行聚类分析，对中值粒径和有机质含量进行相关分析及趋势模拟，对不同区域站位的沉积物进行沉积环境分区。

2.1.3 黄河三角洲沉积环境变化特征

2.1.3.1 沉积物粒度参数特征及其空间变化

沉积物粒度参数反映沉积环境演变的过程和趋势，并能精准反演沉积动力特征（马瑞罡等，2017；袁萍等，2016）。根据沉积物粒级、类型的分类标准，不同期次黄河亚三角洲叶瓣沉积物包括砂、粉砂、砂质粉砂、粉砂和黏土质粉砂等类型（图 2.1-2A），粒径在 1~200 μm 范围分布集中，粉砂沉积物占 66.1%，砂沉积物占 29.7%，黏土仅占 4.2%（图 2.1-2B）。同时发现海底 10 cm 以浅不同深度的沉积物以单峰为主（1~150 μm），仅黄河三角洲北部刁口河亚三角洲飞燕滩近岸的 1-1 站位和 Line 3 测线近岸沉积物呈现出双峰特征、沉积物分选差，反映了该区域为海陆双重物源的特征。

不同期次亚三角洲叶瓣沉积物粒径均值为 4.88 φ，2-1 站位 95 cm 深度处平均粒径最大（6.69 φ），最小粒径（2.62 φ）出现在黄河三角洲北部刁口河亚三角洲叶瓣的 1-3 站位的 33 cm 层位。通过 1-2 站位、2-1 站位、3-7 站位 3 个超过 90 cm 柱状样沉积物粒径分析发现，1-2站位短柱状样品平均粒径在 6.19~3.17 φ 之间，海底以下沉积物呈现粗—细—粗—细的变化过程，在 60~101 cm 层位粒径变细，反映了动力环境条件强—弱—强—弱变化过程。而 2-1 站位沉积物平均粒径均值为 5.14 φ，变化范围 6.69~3.6 φ，海底以下呈现粗—细—粗变化趋势，在 1~50 cm 处持续变粗并在 50 cm 深度处达到极值

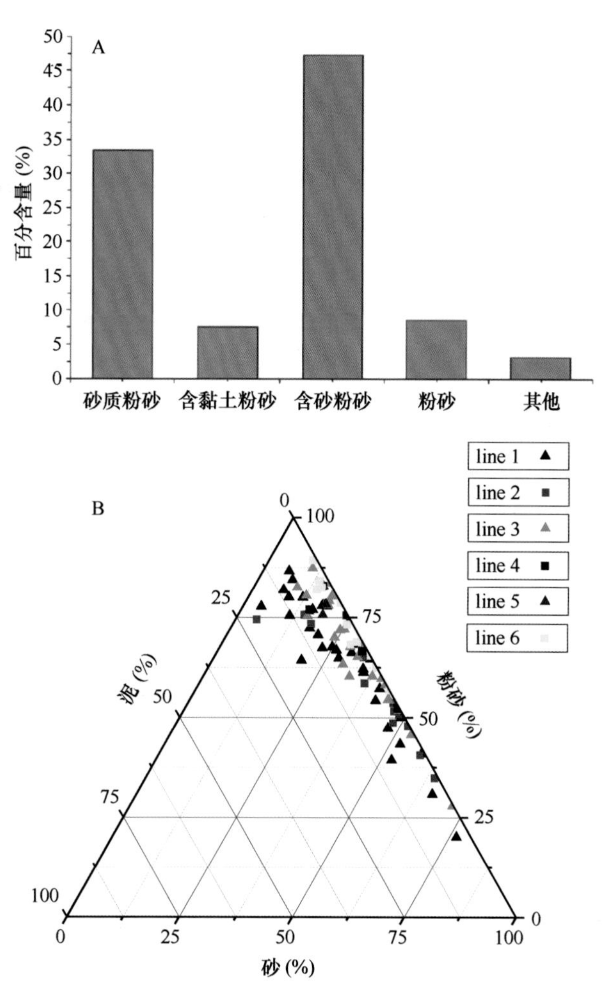

图 2.1-2　不同期次黄河亚三角洲叶瓣沉积物粒度组成

A. 沉积物组成及百分含量；B. 沉积物粒度三组分

3.6 φ，海底以下 60~95 cm 深度范围内沉积物变细，沉积动力环境呈现强—弱—强变化。黄河三角洲中部神仙沟亚三角洲叶瓣的 3-7 站位样品平均粒径范围在 4.63~5.85 φ，均值为 5.16 φ，反映了该区域沉积动力环境波动变化且不稳定。沉积物分选系数间接反映区域动力环境稳定特征，偏态则反映了沉积物不同粒径组分分布（图 2.1-3）与平均粒径之间的关系、粒度频率分布曲线的对称性等特征。黄河三角洲沉积物分选整体较差，分选系数平均值 1.35，最大值 2.61 出现在 2-1 站位 30 cm 深度处，最小值 0.77 出现在 6-2 站位。沉积物 Sk_i 变化范围-0.21~0.43，均值 0.06，偏态为近对称的占 63%，正偏占 29%，其余为负偏或极正偏。大多数的沉积物近对称，仅在黄河三角洲北中部水下三角洲前缘的 1-3 站位、2-2 站位、3-2 站位、4-4 站位，沉积物正偏，反映了黄河三角洲北部动力环境强劲、沉积物粒径粗的沉积环境特征。

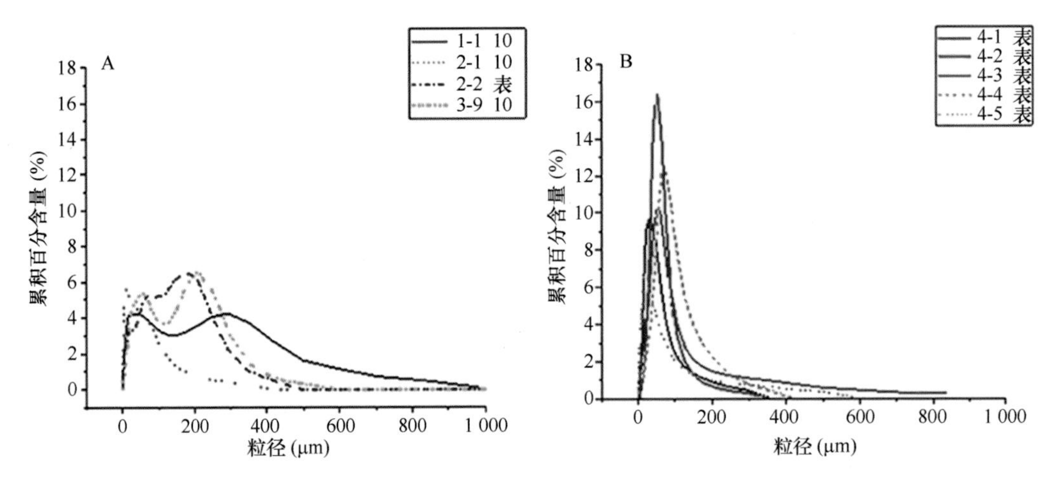

图 2.1-3 不同年代黄河亚三角洲叶瓣代表性沉积物粒度频率分布曲线

A. 双峰型；B. 单峰型

2.1.3.2 植硅体类型及其空间变化

通过黄河三角洲大范围沉积物植硅体鉴定、统计发现，沉积物试验植硅体以棒型和尖型为主（图 2.1-4），棒型植硅体由大型禾本科植物、针叶乔木和莎草科植物产生，尖型由大型禾本科植物产生，该分析结果与黄河三角洲行水河道植被优势种生长环境的现状相吻合一致。不同期次亚三角洲叶瓣植硅体存在一定差异，黄河三角洲北部刁口河亚三角洲叶瓣在 1-2 站位从海底至 101 cm 深度层位，小型禾本科植物短细胞产生的哑铃型、帽型、鞍型植硅体类型丰富，且该站位在 70~101 cm 深度范围赋存大量早熟的禾亚科特有的平顶帽型植硅体。在黄河三角洲不同期次亚三角洲叶瓣（Line 1、Line 3、Line 6），针叶乔木产生的块状植硅体比其他区域丰富，尤其在距岸线较远的 1-2 站位、3-7 站位和 6-1 站位，而且不同深度块状植硅体均比较丰富。在 1-2 站位、3-7 站位表层沉积物和 6-1 站位柱状沉积物海绵骨针类型数量激增，海绵骨针数量与植硅体数量比在 0.14~0.27 之间，其他区域仅为 0.045，反映了该区域以陆源沉积物输送为主，而且随着尾闾废弃改道，演变发展为海洋动力环境条件逐渐成为主导动力条件。

2.1.4 黄河三角洲沉积相环境分异影响因素

黄河三角洲沉积动力环境区域分异是黄河入海水沙变异、河口尾闾流路变迁与海洋动力叠加耦合作用的结果。全新世黄河三角洲发育形成 10 期超级叶瓣（何磊等，2019），不同期次年代的亚三角洲叶瓣在演变序次、发展阶段、泥沙供给和动力条件方面存在差异。

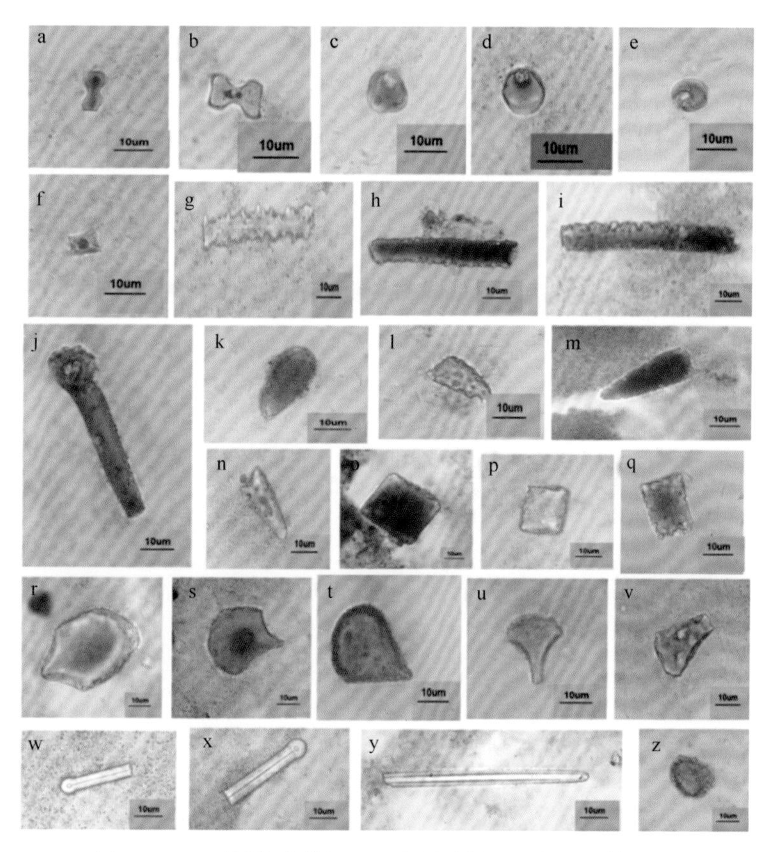

图 2.1-4 不同期次黄河亚三角洲叶瓣沉积物植硅体类型

a 哑铃型；b 哑铃型；c 帽型；d 帽型；e. 帽型；f. 鞍型；g. 刺棒型；h. 平滑棒型；i. 平滑棒型；j. 大毛发型；k 尖型；l. 尖型；m. 尖型；n. 尖型；o. 块状；p. 块状；q. 块状；r. 扇型；s. 扇型；t. 扇型；u. 扇型；v. 扇型；w. 硅藻；x. 硅藻；y. 海绵骨针；z. 孢子

2.1.4.1 不同期次亚三角洲叶瓣叠覆对沉积环境分异的影响

黄河三角洲沉积物粒度参数特征及其空间变化分析表明，不同期次亚三角洲叶瓣的主导动力条件与影响因素方面的差异。波浪在废弃河口海岸动力较强，在现行河口较弱（董程，2019）。根据黄河三角洲地形特征、沉积环境、砂体展布，将沉积体系划分为三角洲平原、三角洲前缘、前三角洲亚相（时培兵等，2015；田动会等，2017）。黄河三角洲北部的刁口河亚三角洲流路叶瓣（Line 1）以海洋动力条件为主导，沉积物分选差、砂组分含量多且粒径粗。而在刁口河、神仙沟流路亚三角洲交叉叠覆区域（Line 2），自岸向海粒径逐渐趋粗，近岸平均粒径最小且分选系数小，表明近岸仍以河流动力为主，但强度较弱。黄河三角洲中部神仙沟亚三角洲叶瓣（Line 3），沉积物的粒度组成与平均粒径变化不显著，分选性在近岸和深水区域差，中部分选中等，反映了海陆沉积动力条件的对比及其相互抗衡，该亚三角洲叶瓣处于稳定阶段。同 Line 3 沉积动力环境条件类似，神仙沟尾闾流路与现行河口亚三角洲叠覆过渡带区域（Line 4）沉积物粒度呈波动变化，规律不强，反映该叠覆过渡区域的动力环境属于海陆动力耦合强稳定状态。神仙沟流路和现行河口亚三角洲过渡带（Line 4）沉积物分选好、偏态近对称，而河口分选性差、粒径小，表明神仙沟流路作为废弃老河口，受陆相沉积动力影响，由于陆源物质输送的减少、海洋动力影响干扰增强，过渡带区域的陆源输送减少、海洋动力成为主导因素。现行河口水下三角洲（Line 6），自陆向海平均粒径的波动减小，分选性与偏态变化不大，反映该区域以河流为主要动力条件，处于淤积发育变化趋势（图 2. 1-5）。

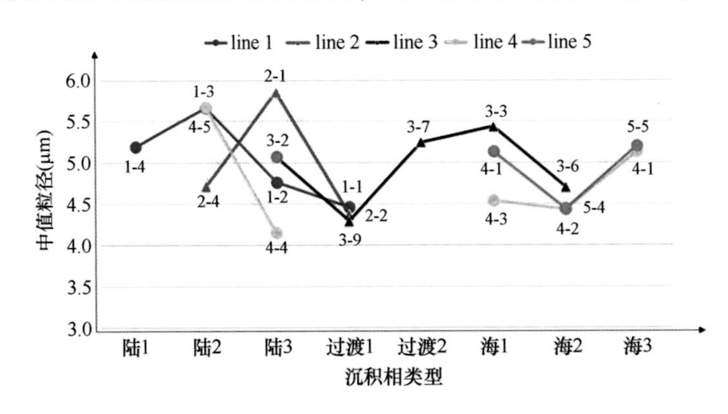

图 2. 1-5　不同期次亚三角洲叶瓣沉积相与沉积物粒径关系

对黄河三角洲沉积物参数进行最大值、最小值和平均值，以及概率累计曲线峰值参数计算，运用 Ward 法，基于 Euclidea 距离计算标准进行聚类分析法，进行沉积环境分区（图 2. 1-6A）。结合沉积物站位位置与频率累积曲线粒度参数聚类分析（图 2. 1-6B），现行河口周围的Ⅰ类区域，沉积物主要为粉砂和含细砂质粉砂，粒度频率曲线为单峰，平均粒径围绕在 4. 43 φ 粒径左右小幅波动、分选中等、偏态近对称或正偏，该区域以陆源黄河输沙为主，并将继续接受陆相沉积，并以向海快速淤进变化为主。黄河改道及输沙量变化是远端沉积区演化不可忽视的因素（杨立建等，2020）。Ⅱ类沉积区域砂含量显著增加并超过 40%，粒度频率累积曲线为双峰或多峰、分选差，该区域主要受到强海洋动力扰动，是原沉积被海洋动力侵蚀改造后发生的再沉积。Ⅲ类沉积区域粒度频率分布曲线多数为单峰型，少数为双峰型，平均粒径在 5. 26 φ 上下波动、分选差，该类沉积区处于海陆动力相互制约耦合作用区，该区域三角洲侵蚀或堆积均不显著，演变发展趋势取决于海陆动力条件对比。

黄河三角洲海相沉积环境有机质含量明显较少，而陆相和过渡相沉积环境有机质含量波动变化明显。陆相沉积物粒径存在波动，过渡区沉积物粒径一致，海相沉积物粒径的变化趋势呈现高度相似性。植硅体类型平滑，棒型、尖型和盾尖型较多，几乎在所取样品中均存在，扇型类型含量丰富，但其在空间分布上差异显著。黄河三角洲海相及过渡相沉积物有机质含量和粒径变化不大，陆相沉积物指标参数均呈现显著的波动变化，

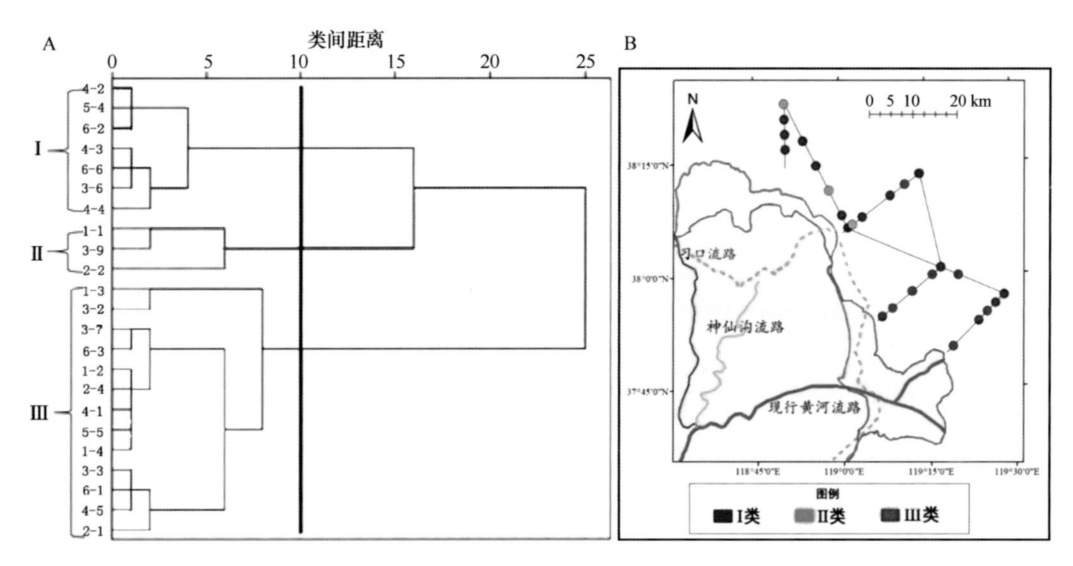

图 2.1-6　基于聚类分析的不同期次黄河亚三角洲沉积环境分区

A 图为不同站位沉积物聚类分析过程；B 图为聚类分析分区结果

且存在聚类差距较大的亚相，这与喜盐植物生长的滩涂的有机质含量高有关。

2.1.4.2　黄河尾闾故道频繁改道对沉积相空间分异格局的改变

黄河尾闾故道频繁摆荡及其多期次叶瓣亚三角洲相互叠覆，是三角洲动力沉积空间分异基础（刘丽丽等，2015）。从泥沙供给与亚三角洲发育演化阶段划分，不同年代发育形成的亚三角洲叶瓣在泥沙供给与水动力方面差异明显，并分别处于侵蚀退化（刁口河亚三角洲）、冲淤平衡（清水沟、神仙沟亚三角洲）和淤积发育（现行河口亚三角洲）等不同阶段。刁口河亚三角洲叶瓣作为尾闾故道改道后的废弃区域，三角洲前缘在陆源供给的减少影响下，由淤积演变为快速侵蚀。而在黄河三角洲中部神仙沟-清水沟亚三角洲叠覆区域泥沙供给由于近底泥沙再悬浮作用而呈现高浑浊泥沙的聚集，该区域几乎不受黄河入海泥沙扩散影响（王厚杰等，2010）。沉积物有机质主要源于河流粉砂黏土矿物携带的有机碳和滨海水生生物残体分解形成的有机碳，表 2.1-1 反映黄河三角洲不同区域表层沉积物样品平均粒径（Mz）与有机质含量之间的关系。通常沉积物粒径与有机质含量呈负相关，粒径越小，比表面积的增大会吸附更多有机质（Limin Hu et al.，2016）。不同年代叶瓣亚三角洲沉积物有机质比较发现，刁口河亚三角洲（Line 1，Line 2）沉积物平均粒径与样品有机质含量变化趋势一致，表明刁口河亚三角洲受陆源沉积影响，自岸向海陆源沉积影响减弱。大部分沉积物有机质含量与粒径呈负相关，而在黄河三角洲东北部的2-4站位沉积物的有机质含量与平均粒径呈正相关，表明刁口河流路与神仙沟流路过渡区泥沙供给仍受陆源沉积的影响，但海洋动力条件逐渐成为废弃老河口沉积环境变化主导动力条件。在三角洲中部（Line 3，Line 4）海陆动力环境耦合叠覆区域的沉积环境不稳定，有机质含量与平均粒径并无显著的相关关系，现行河口亚三角洲（Line 6）受黄河强烈的陆源输送并向海淤进，沉积物有机质含量随平均粒径变细而显著增大。

表 2.1-1　黄河不同尾闾故道演化阶段亚三角洲的沉积特征与沉积相分带

沉积相	亚三角洲叶瓣的位置范围	代表站位	有机质含量（%）	平均粒径（φ）	植硅体特征	发育演化阶段	沉积特征
海相	刁口河亚三角洲叶瓣	1-1	8.508	4.46	哑铃型、帽型、鞍型、平顶帽型	泥沙供给匮乏，海洋动力强劲，亚三角洲叶瓣处于侵蚀退化阶段，三角洲演变处于蚀退改造期	砂组分含量大于 40%，粒度频率累积为双峰及多峰、分选差，该区受强海洋动力扰动，为原沉积受海洋动力侵蚀改造形成
		1-2	6.969	4.76			
		1-3	6.946	5.66			
		1-4	5.683	5.19			
		2-1	10.351	5.85			
		2-4	9.790	4.71			
海陆过渡相	清水沟与神仙沟亚三角洲叶瓣叠覆过渡带	3-2	5.839	5.07	海绵骨针型、块状	亚三角洲叶瓣处于海陆动力相互制约耦合区，侵蚀或堆积过程并存，演变趋势取决于海陆动力条件的比较，三角洲演变处于过渡转换叠加期	海陆动力相互作用、冲淤过程对比平衡、不同年代亚三角洲叠覆过渡。该区域粒度频率分布曲线多为单峰型，少数为双峰型，平均粒径在 5.26 φ上下波动，分选差
		3-3	4.407	5.43			
		3-6	2.844	4.70			
		3-7	7.550	5.24			
		3-9	7.610	4.29			
		4-1	3.734	5.13			
		4-2	2.719	4.43			
		4-3	3.482	4.54			
		4-4	8.003	4.15			
		4-5	4.547	5.67			
		5-4	2.212	4.44			
		5-5	4.959	5.20			
陆相	现行河口亚三角洲叶瓣	6-1	5.676	4.36	海绵骨针类型	陆源供给充足丰富，河流动力为主，亚三角洲处于快速淤积过程，三角洲处于淤积建造期	沉积物单峰，平均粒径小幅波动，分选中等，偏态近对称或正偏，位于近现行河口及其周围
		6-2	2.543	4.42			
		6-3	6.262	4.88			
		6-6	3.991	4.36			

现代黄河三角洲南部沉积环境与现代黄河沉积物不同，个别微量元素富集程度与莱州湾沉积物差异明显（黄学勇等，2019，2020；王琬璋等，2016）。若仅从植硅体鉴定角度尚无法对沉积环境进行精确的划分，可以将植硅体浓度作为生物指标对亚三角洲叶瓣的沉积相进行分析。黄河三角洲中部亚三角洲过渡带（Line 3）植硅体浓度较大，其中3-7站位植硅体浓度最高（1 031.68 粒/g），3-9 站位和 3-3 站位植硅体浓度分别为618.85 粒/g和 594.35 粒/g。受频繁人类活动的影响，黄河三角洲中部沉积模式发生变

化，呈现近岸侵蚀、离岸淤积冲淤态势（罗宗杰等，2016）在现行河口亚三角洲的孤东近岸沉积环境由侵蚀发展为强侵蚀（程慧等，2019）。在现行河口亚三角洲叶瓣的前缘附近的6-1站位和5-5站位植硅体浓度分别为1320.29粒/g和961.03粒/g，进一步从植物微体化石空间变化的角度证实了该区域主要为陆相沉积环境。而在黄河三角洲南部现行河口亚三角洲叶瓣则经历快速淤积、中速淤积和缓慢淤积的冲淤变化过程，由于流域降水径流的减少、黄河入海泥沙的减少减缓了河口沉积速率，现行河口水下三角洲由淤积转为侵蚀（Chao Jiang et al.，2017；彭俊等，2010），反映了1855年以来发育形成的现行河口亚三角洲为黄河改道后带来的大量泥沙在河口堆积形成了氧化-还原环境交替的沉积环境（龙跃，2019；赵广明等，2014）。

2.1.5　小结

基于覆盖不同期次黄河行水流路亚三角洲叶瓣的24站短柱状样指标参数实验分析，结合大范围浅地层剖面数据解译，通过沉积物粒度参数、有机质和植硅体聚类分析，探讨1855年以来百年尺度不同期次亚三角洲叶瓣的叠覆演变过程及序次，追踪反演三角洲沉积相环境特征及其演变过程，取得以下研究结论。

（1）不同期次亚三角洲叶瓣沉积特征和沉积相空间分异具有显著的空间分异规律。黄河亚三角洲叶瓣沉积物以粉砂质类型为主、分选差，有机质含量与平均粒径呈正相关关系，黄河三角洲中部亚三角洲叠覆过渡带区域有机质含量与平均粒径无明显关系，植硅体类型以棒型和尖型为主，与河口区植被环境吻合，进而证实了近岸仍以陆源沉积为主。

（2）不同期次亚三角洲叶瓣沉积体分别处于侵蚀退化（刁口河亚三角洲）、冲淤平衡（清水沟、神仙沟亚三角洲）和淤积发育（现行河口亚三角洲）的演化阶段，沉积物类型、冲淤变化及亚三角洲叶瓣沉积体对沉积特征的影响显著。

（3）黄河三角洲北部刁口河尾闾故道亚三角洲叶瓣前缘侵蚀显著，自岸向海沉积物砂组分含量增加、有机质含量减少，而水动力条件减弱。该亚三角洲叶瓣沉积体以侵蚀变化为主，植硅体在1-2站位60~101 cm深度处植硅体类型丰富。黄河三角洲神仙沟和清水沟流路叠覆区亚三角洲叶瓣沉积物粒度的分选性差，平均粒径和有机质含量呈波动变化。三角洲前缘植硅体浓度大、海陆动力互相制约耦合，沉积环境为强稳定的亚三角洲。现行河口亚三角洲叶瓣，沉积物平均粒径与沉积物有机质含量变化趋势相反，分选好，自陆向海植硅体浓度呈波动增大变化，反映了该区域接受稳定的陆源输送供给，继续呈现向海淤进变化趋势。

2.2　黄河三角洲环境演变过程

晚更新世末次盛冰期是第四纪发生的最近一次冰河时期，此时我国东部沿岸气候干寒，黄河中上游大部分地区降水不足 200 mm/a（安芷生，1990），渤海不复存在，黄河三角洲为广阔的平原。黄河入海水少，加上岸线后退流程加长，故断流解体（夏东兴等，1996）。渤海完全暴露成陆，其上河流、湖泊和洼地遍布（叶银灿等，2012），局部发育沙漠（赵松龄等，1996；夏东兴等，1991），沉积形成一系列不连续的具有冲洪积特征的陆相地层，形成多期三角洲相地层。渤海湾西岸直至全新世中期才被海水覆盖，后经历多期海侵海退（薛春汀，2004），黄河三角洲地区由于黄河频繁改道，形成海侵海退交替的沉积环境。利用位于黄河三角洲水下三角洲 DYZK1 钻孔柱状沉积物^{14}C 年龄和浅地层剖面声学层序相结合构建岩心时间序列，对 96 个沉积物植硅体进行分析，结合粒度参数、磁化率等指标垂向变化为基础，恢复重建黄河三角洲古沉积环境及其演化过程。

2.2.1 数据资料与研究方法

黄河三角洲位于济阳坳陷东部，有北东、北西和近东西向三组断裂，地处郯城—庐江大断裂带的西侧，主要受新华夏构造体系和北西构造体系的控制，属于中新生代断块—坳陷盆地。黄河三角洲属于河流冲积物覆盖于海相层的二元结构，地形上总体西南高，东北低。黄河三角洲广袤平坦，次一级地貌复杂多样，形成岗、坡和洼相间的分布格局，微地貌类型有河成高地、河流故道、河口沙坝、潮滩、决口扇、河口沙嘴和贝壳堤等。

DYZK1 钻孔位于黄河三角洲飞雁滩与神仙沟近岸水下三角洲（38° 0. 13′ N，119°13. 1′E），长 40 m，取心率 85%。围绕该岩心开展了“米”字形的浅地层剖面勘测，使用英国应用声学 AAE 公司生产的 CSP2200 型浅地层剖面仪（探测深度 100 m，分辨率 10 cm），获得浅地层剖面测线 310 km（图 2. 2-1）。依据声学层序反射特征（徐怀大，1990），解译分析侵蚀不整合面及声学地层空间分布规律，结合^{14}C 年龄测定构建区域时间序列。室内对钻孔进行拍照描述，利用英国 GEOTEK 公司岩心物理参数综合扫描仪（Multi-Sensor Core Logger）进行岩心磁化率测试。选择 16 个具有代表性的样品在美国 BETA 碳测年实验室进行 AMS^{14}C 测定，96 个样品（取样间隔 25 cm）在东北师范大学进行植硅体鉴定，460 个样品（取样间隔 5 cm）在国家海洋局第一海洋研究所进行粒度参数分析。沉积物粒度分析采用筛析法和沉析法相结合方法，粒级标准采用乌顿-温氏分类法，采用谢帕德三角进行沉积物命名。采用福克-沃特（Folk and Ward，1957）计算沉积物粒度参数，利用概率累积曲线计算中值粒径（D_{50}）。

植硅体提取采用湿式灰化法（王永吉，1992，1994；介冬梅，2010）。取沉积物全样加入干净试管中，放入烘干箱烘干。后称取适量，后加入少许盐酸，在超声波振荡仪顶部放置特制的试管架，后将试管放入试管架中，用超声波进行震荡，等样品分散，而且

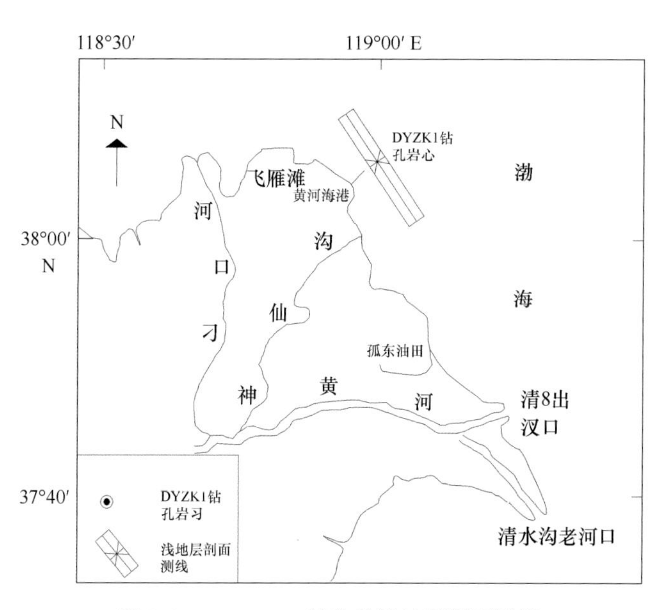

图 2.2-1　DYZK1 钻孔及浅地层剖面测线

且没有气泡产生时，后停止振荡。往试管中加入蒸馏水，用离心机（转数 2000 rpm/m）离心 15 min，待样品冷却后，将试管上部液体倒掉。往试管中加入浓硝酸，水浴加热，待溶液澄清，颜色变浅，有机质全部氧化，结束后向试管中加入蒸馏水，离心 15 min，待样品冷却后，将试管上部液体倒掉，再加入蒸馏水，反复离心清洗两次。加入两倍于试管当中剩余液体的重液，搅拌均匀后用离心机离心大约 20 min，将上层液体倒入试管中，加入蒸馏水，用离心机离心大约 15 min，待离心机完全静止后，将试管上部液体轻轻倒掉，再加入蒸馏水，如此反复离心清洗两次后，再用无水乙醇离心 1 次，最后保留少量的液体。将试管中的液体震荡均匀，用吸管吸出混合均匀的液体 1~3 滴，滴在载玻片上，用酒精灯加热，待乙醇蒸发后，滴 1~2 滴中性树胶，盖上盖玻片制成固定片，每个样品制作两份以备用。采用 MOTIC 2.0 生物显微镜鉴定统计，根据样品中植硅体的形态进行分类、特征描述，用显微镜成像系统照相。

植硅体统计采用聚类分析法，根据不同深度植硅体之间的相似性，定量分析不同深度植硅体的异同。利用变差系数计算法，探讨不同沉积时期植硅体含量变化。不同深度沉积物植硅体含量的变差系数的大小代表了各沉积时期植硅体含量变化，显示了主要植硅体含量随沉积环境变化幅度，$V_j = \frac{\sqrt{\delta_j^2}}{E_j} = \frac{\sqrt{\frac{1}{m-1}\sum_{i=1}^{m}(a_{ij}-E_j)^2}}{\frac{\sum_{i=1}^{m} a_{ij}}{m}}$，式中，$V_j$表示$j$沉积环境的变差系数；$a_{ij}$表示$j$沉积环境下第$i$沉积物植硅体含量；$m$表示取样深度。

2.2.2 年代及生物地层分析

2.2.2.1 钻孔时间序列

根据 DYZK1 岩心沉积物^{14}C 测定，岩心最老 26.00±210 a BP，最新 3.88±30 a BP，自下往上年龄呈现由老至新的变化（表 2.2-1）。围绕 DYZK1 钻孔的浅地层剖面数据，经闭合检查，界定出两个侵蚀不整合面（T1、T2），划分出Ⅰ、Ⅱ和Ⅲ 3 个声学地层层组。层组Ⅰ以波状层理为主，层组Ⅱ以平行反射层理为主，层组Ⅲ以波状层理为主。依据^{14}C 测年界定 T1 侵蚀不整合面年龄 7.0 ka BP，为黄骅海侵面，T2 侵蚀不整合面在钻孔 19.1 m 处，反射能量强，可连续追踪，界定该声学反射界面为不整合面，为陆相沉积层，为献县海侵面，根据前人的研究结论确定其年龄为 18 000 a BP［-17.50 m 处，年龄（15 900±70） a BP］，此结果与^{14}C 测年结果一致。

表 2.2-1 DYZK1 岩心年代—浅地层剖面声学地层对应关系

序号	取样深度（m）	年代（a BP）
1	2.30	3880±30
2	4.20	4870±30
3	5.20	5090±30
4	6.20	5130±30
5	8.90	5890±30
6	9.50	6740±40
7	10.90	6780±30
8	11.50	7270±30
9	12.90	8850±40
10	13.30	10680±60
11	16.00	13340±50
12	17.50	15900±70
13	25.20	23760±120
14	26.00	25420±120
15	31.00	26020±130
16	35.50	31200±210

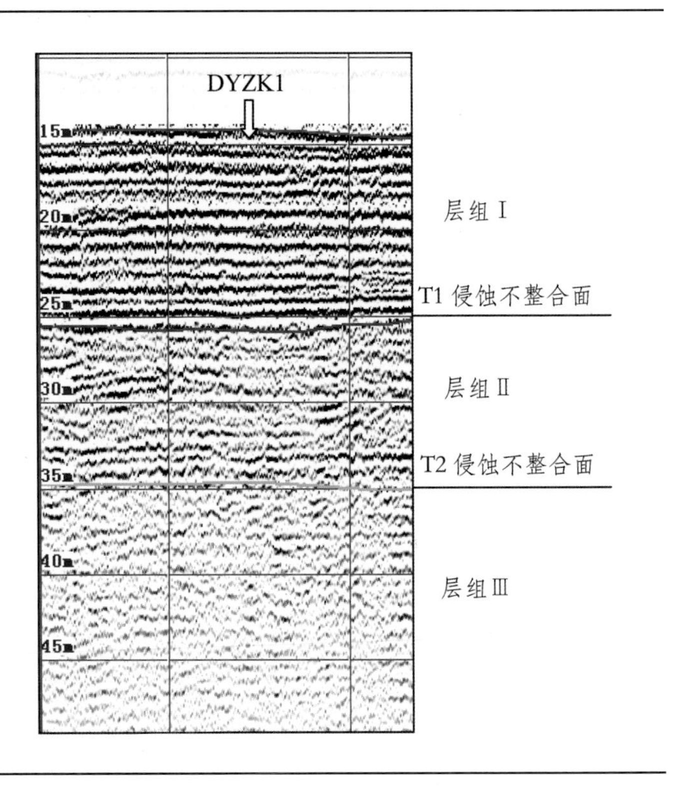

2.2.2.2 环境指标参数垂向变化

粒度参数是沉积物的基本性质之一，通过沉积物粒度参数识别沉积环境。从沉积物的颜色和粒度参数垂向变化来看，以 17 m 为界，上段为粉砂质沉积，下段为淤泥质粉砂沉积。沉积物粉砂和黏土组分含量超过 45%，砂组分在 27 m 及下段增多，组分含量 3.93%~4.97%（表 2.2-2）。在深度 13.50~24.10 m 黏土组分含量高，平均 22%。在 1.80~3.60 m 和 24.10~31.66 m 深度范围粉砂组分含量低。砂组分含量变化规律与粉砂相反，在 1.80~3.60 m 和 24.10~31.66 m 深度范围内砂组分含量高。岩心 27.10 m 以下段粒径明显增大。在 4.80~17.10 m 处中值粒径变化幅度小。沉积物分选系数为 0.16~2.61，分选性很好-很差。深度范围 9.10~26.66 m，分选系数小，沉积物主体粒级突出，分选好。

表 2.2-2　DYZK1 钻孔岩心沉积物粒度参数、磁化率垂向变化

深度范围（m）	沉积物类型	粒度组分含量（%）			中值粒径（φ）	粒度参数特征（φ）			磁化率（k）
		砂	粉砂	黏土		分选系数	偏态	峰态	
0.00~3.00	TY	2.89	36.04	61.07	8.18	1.12	0.14	1.05	39.49
3.00~6.00	TY	2.70	51.79	45.51	7.61	1.23	0.23	0.96	41.54
6.00~9.00	TY	0.00	49.59	50.41	7.93	1.20	0.16	0.85	43.58
9.00~12.00	TY	0.09	30.58	69.33	8.57	1.09	0.07	0.82	36.44
12.00~15.00	Y	1.47	24.63	73.90	8.57	1.08	0.09	0.84	22.64
15.00~18.00	Y	4.70	23.26	72.05	8.17	1.10	0.19	1.03	12.03
18.00~21.00	Y	0.00	21.31	78.70	8.85	0.96	0.12	0.79	38.05
21.00~24.00	—	—	—	—	—	—	—	—	—
24.00~27.00	Y	0.00	16.08	83.92	8.03	0.94	0.11	0.85	24.51
27.00~30.00	TY	4.48	56.81	38.71	6.85	1.62	0.26	0.94	34.09
30.00~33.00	TY	4.97	49.14	45.89	7.19	1.41	0.23	0.94	18.68
33.00~36.00	TY	3.93	44.65	51.42	7.42	1.47	0.26	0.85	34.84

磁化率是磁场磁化所产生的磁化强度，取决于沉积物细微矿物颗粒，受沉积环境演变和沉积作用控制，是反映气候变化的指标之一（张卫国，2002；王永红，2004）。DYZK1 岩心磁化率平均值 33.81，最大值 101.17，最小值-4.02。根据磁化率大小及变化幅度分为 3 段：深度范围 0~9.2 m，磁化率均值 41.54，最大值 84.90，最小值 25.22，磁化率较大、波动较小，为快速沉积阶段和较细的沉积物粒级组成；深度范围 9.2~18.50 m，磁化率小于全孔平均值，均值 26.00，随着取样深度增加磁化率减小，为较慢沉积阶段；深度范围 18.5~26.2 m，磁化率呈波动变化，变化幅度较大，均值 34.89，最

大值 83.11，最小值 7.10。

植硅体形态和含量受植物细胞及细胞间隙的形态和大小影响，而细胞及细胞间隙的发育是由周围环境及植物生理机制所决定的，因而植硅体与环境关系密切。本论文采用王永吉和吕厚远（1992）有关禾本科植物的分类方法对植硅体进行分类和命名。进行了 96 个样品植硅体分析，总体而言，植硅体含量较少，但不同深度植硅体含量变化具有一定规律性，因而植硅体分析结果能够说明不同年代植被状况及气候变化。

随着取样深度增加主要类型植硅体含量呈波状变化，岩心 19.1 m 以上段尖型、平滑棒型、刺状棒型和帽型含量多且变化一致，19.1 m 以下段植硅体含量少（图 2.2-2）。随着取样深度的变化，岩心 19.1 m 以上段尖型含量由 33.2%增加到 47.1%，后减少，后又有少量的增加。岩心 19.1 m 以上平滑棒型含量从 27.1%减少到 17.4%，又减少到 9.7%，然后减少到 0，最后又有所增加。岩心 19.1 m 以上段刺状棒型和帽型含量，分别呈波动式减小变化。从温度指数上来看，温度指数在 9.1～18.2 m 最大，为 24.8。

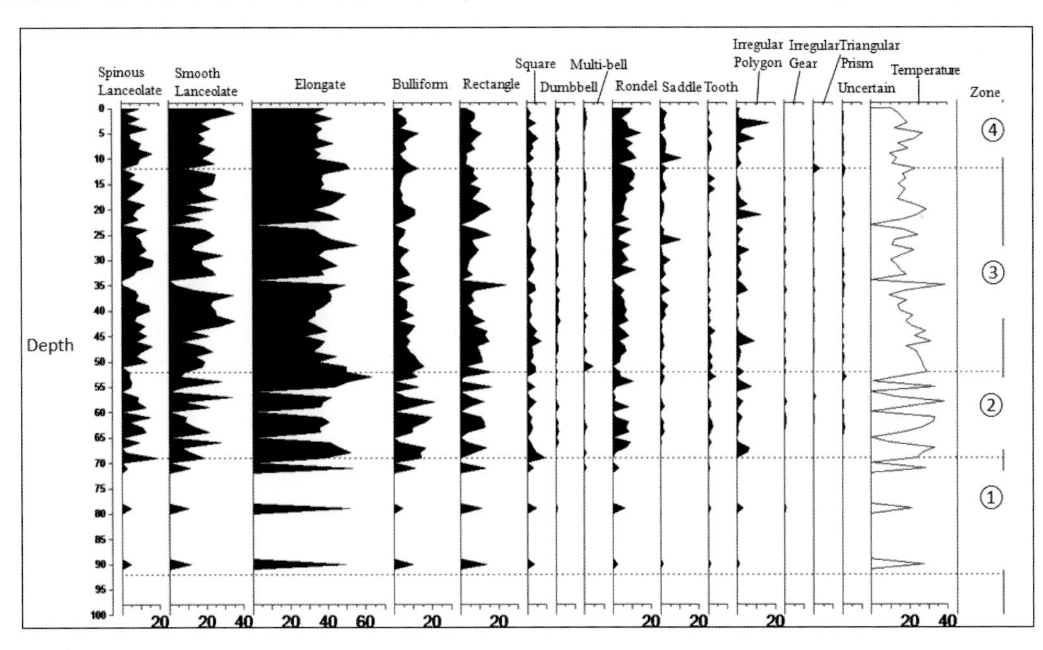

图 2.2-2　DYZK1 岩心植硅体百分含量、温暖指数及有序聚类分带

2.2.3　基于粒度参数及磁化率分析的沉积环境演变过程

沉积物粒度参数、磁化率作为沉积环境代用指标，据此可反演古沉积环境。通过 DYZK1 岩心^{14}C 年龄测定及浅地层剖面分析，结合粒度参数及磁化率分析，黄河三角洲沉积序列按时间顺序划分为河流相—海陆过渡相—潮坪相—浅海相—三角洲相 5 个沉积相带（Ⅰ～Ⅴ），其中沉积相带Ⅰ和Ⅱ属陆相带，Ⅲ、Ⅳ和Ⅴ属海相带（图 2.2-3）。岩

心沉积物粒径平均 8.25 φ，沉积物以粉砂和黏土为主（图 2.2-3）。27.10 m 和 15.00 m 处沉积物中值粒径和粒度组分存在明显变化，27.10 m（26.00 m AMS^{14}C 年龄测定结果 25 420±120）处粒度参数存在突变，中值粒径迅速减小；15.00 m（16.00 m AMS^{14}C 年龄测定结果 13 340±50）处沉积物由淤泥质过渡到粉砂质，颜色变浅。

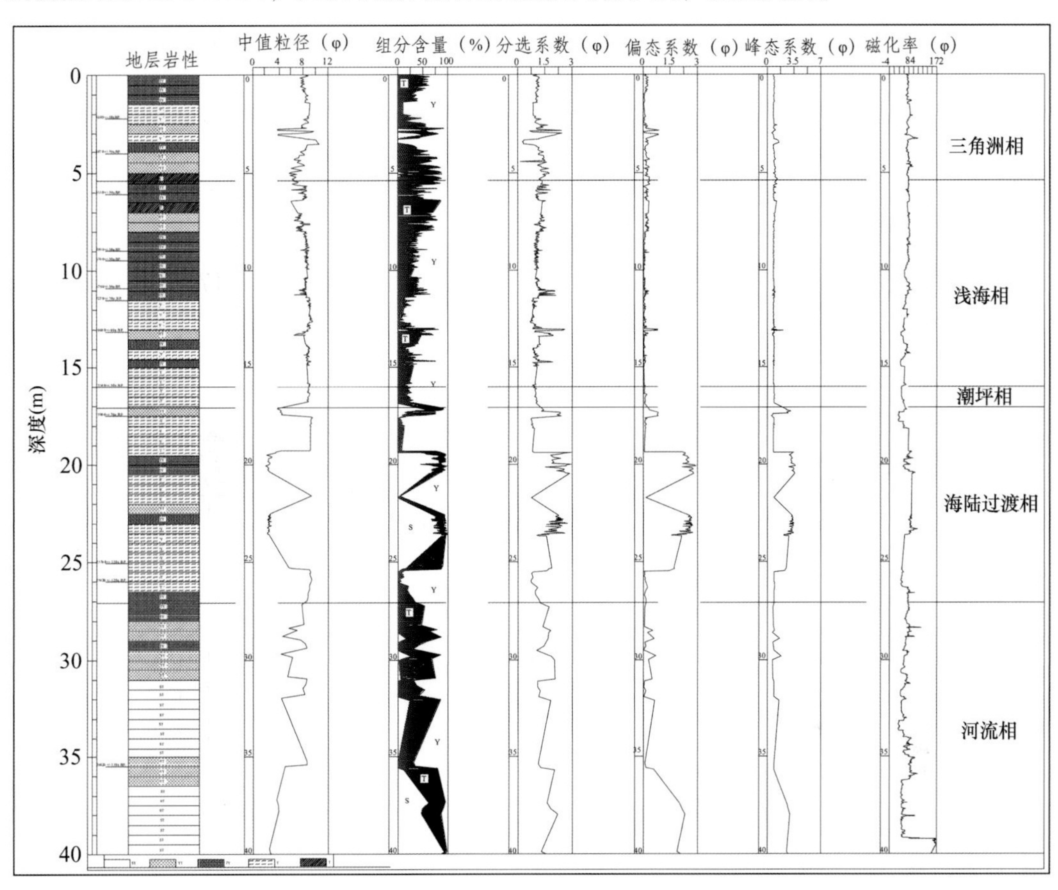

图 2.2-3　DYZK1 岩心指标垂向变化

深度范围 17.00~35.50 m，属陆相沉积阶段，粒径偏粗，沉积物主要为灰黄色粉砂质砂和灰褐色砂互层。深度 17.50 m 处 AMS^{14}C 年龄为（15 900±70）a BP，处于末次盛冰期的晚期，此段沉积为陆相沉积。以深度 27.10 m 为界陆相层分为 2 层组，其中层组Ⅰ深度范围 27.10~35.50 m，粒径平均 7.05 φ，粒径偏粗，黏土组分含量少，分选系数平均 1.53 φ，分选好，此段沉积期间海平面较低，为河流相沉积。层组Ⅱ深度范围 27.10~17.10 m，沉积期间粒度参数及磁化率呈波动式变化，沉积物砂组分减少，平均 3.60%，中值粒径增大，平均 8.38 φ，为海陆过渡相沉积。沉积物以黏土质粉砂和粉砂质黏土互层为主，推测存在 4 期海面升降交替的旋回性变化。

海相层为深度 17.10 m 以浅全新世沉积，沉积物平均粒径偏小且波动幅度小，表明水动力较弱。层组Ⅲ深度范围 16.10~11.10 m，粒径小，中值粒径 3.81~9.49 φ，平均 8.64 φ，黏土组分含量高，平均 75.08%，沉积物主要为灰黑色黏土质粉砂。此沉积期从 1.1 万年开始，海面有一个快速上升变化过程，到距今约 6000 年前升至现代水深 10 m 处，此层沉积为潮坪相沉积。层组Ⅳ深度范围 5.14~11.10 m，距今 9100~8000 a BP，海面上升过程中有振荡变化，时淹时退，粒径呈锯齿状波动，粒径全孔最小，中值粒径 5.89~9.12 φ，平均 8.12 φ，黏土组分含量高，平均 56.34%，沉积物为黏土质粉砂，为河流来沙输运到浅海沉积形成。距今 8000~4150 a BP，海平面快速上升，至中全新世后期 4150~2850 a BP 海平面有所下降，2850~1310 a BP 海平面进一步下降，研究区时常暴露。层组Ⅴ深度范围 0~5.14 m，在浅海相的基础上海面继续上升，黄河携带泥沙继续沉积，形成向海缓慢倾斜的、范围广阔而平坦的泥质沉积。该层中值粒径 3.95~10.60 φ，平均 8.01 φ，沉积物有砂质粉砂、黏土质粉砂等不同组合，表明黄河入海过程中形成的三角洲前缘、三角洲侧缘交替沉积的过程，推断此层为三角洲相沉积。

2.2.4 基于植硅体分析的黄河三角洲古气候变化

黄河三角洲广泛生长芦苇，沉积物中植硅体主要为芦苇分解形成。芦竹亚科植物植硅体类型包括鞍型、扇型等（王永吉，1992）。植硅体分类基于短细胞植硅体的形态，与细胞形态具有很好的对应关系（秦利等，2008；Prat H et al.，1932），在河流相—海陆过渡相—潮坪相—浅海相—三角洲相 5 个沉积阶段，不同温湿度组合下植硅体类型稳定，表明植物细胞遗传稳定。不同沉积期间主要植硅体含量变化具有规律性，表明同一沉积环境下，植硅体形态组合具有稳定性，可以反映气候变化。根据不同沉积时期植硅体组合相似性，DYZK1 岩心共划分为 4 个组合带，用温度指数指示不同组合带的气候特征。温度指数=（示暖型植硅体）/（示暖型植硅体+示冷型植硅体），扇型、长方型、正方型和哑铃型为示暖型植硅体，棒型、尖型、帽型、鞍型、齿型和不规则型为示冷型植硅体（图 2.2-4）。

由 4 个组合带可知，组合带①深度范围 18.0~40.0 m，年代 26~15.9 ka BP，反映温暖气候特征的植硅体主要有扇型、长方型、正方型和哑铃型，其中扇型和长方型含量较多，反映寒冷气候特征的有棒型、尖型、帽型、鞍型、齿型和不规则型，以棒型和尖型为主，温暖指数介于 0.210~0.280 之间，平均 0.245。组合带①植硅体含量少，少于 200 粒，气候相对寒冷。组合带①对应距今 2.5 万~1.5 万年的晚更新世末次盛冰期，气候寒冷，植被稀疏，植硅体含量少。组合带②深度范围 12.9~18.0 m，分为两个亚带，深度范围 14.2~18 m，年代 16~11 ka BP，此深度范围植硅体含量相对于组合带①有所增加，总数未达到 200 粒。较组合带①，示暖型植硅体扇型、长方型和哑铃型含量有所增加，正方型含量变化不大。示冷型植硅体棒型、尖型含量有所下降，帽型、鞍型、齿型和不规则型含量略有上升。此深度范围温暖指数介于 0.097 与 0.330 之间，呈逐渐上升趋势。

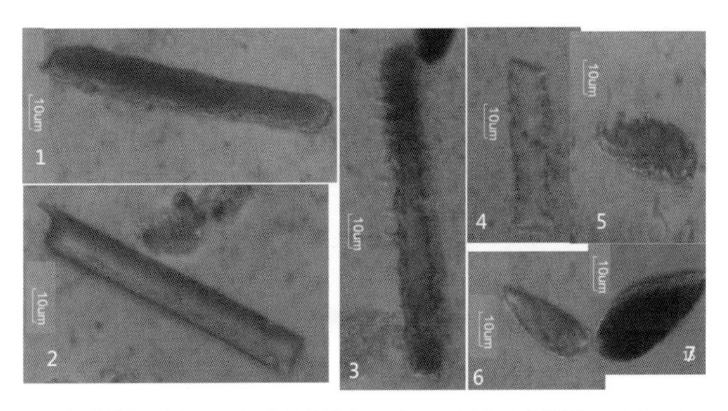

1, 2 (Smooth Lanceolate); 3, 4 (Spinous Lanceolate); 5, 6, 7 (Elongate)

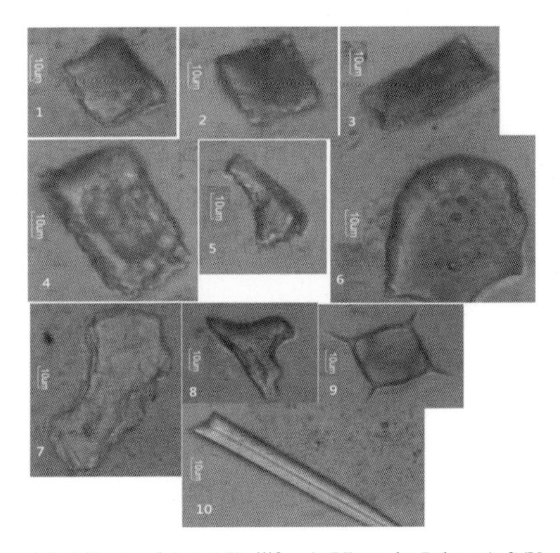

1, 2 (Square); 3, 4 (Rectangle); 5, 6 (Bulliform); 7(Irregular Polygon); 8 (Uncertain); 9 (Diatom); 10 (Sponge spicule)

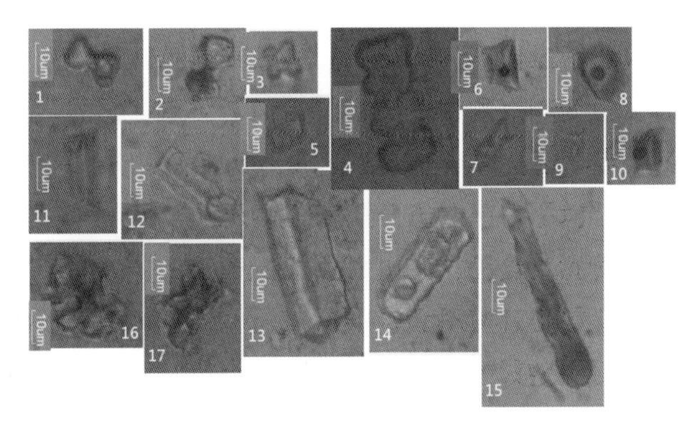

1, 2, 3 (Dumbbell); 4 (Multi-bell); 5, 6, 7 (Saddle); 8, 9, 10 (Rondel); 11, 12, 13 (Triangular Prism); 14, 15 (Tooth); 16, 17 (Irregular Gear)

图 2. 2-4　DYZK1 岩心主要类型植硅体图谱

植硅体含量较少，温暖指数较低，气候相对较凉。较组合带①，气候逐渐变暖，此阶段对应于末次冰消期海面缓慢上升阶段，岸线推进到比现代海岸线更加深入陆地的位置，在渤海湾西岸推进至黄骅及文安一线（夏东兴，2009）。深度范围 12.9～14.2 m，年代 11～8.85 ka BP，此深度范围植硅体含量丰富，均达 300 粒。示暖型植硅体含量增加，扇型、长方型含量上升，而正方型、哑铃型变化不大。示冷型植硅体棒型、齿型含量增加，而尖型、帽型、鞍型等含量变化小。此深度范围温暖指数为 0.120～0.385，平均为 0.252。气候波动幅度较大，气温波动上升，呈不稳定状态，表现为全新世早期的气候特点，气候暖湿有轻微波动。海平面上升至现在东海水深 110 m 的位置，距今 6000 年海面接近现今位置，后有轻微的变化。组合带③深度范围 2.9～12.9 m，年代 8.85～4.5 ka BP，植硅体含量丰富。较组合带②，反映温暖气候特征的扇型（1.81%～15.9%）有所下降，长方型、正方型和哑铃型变化不大，反映寒冷气候的尖型、帽型和鞍型上升，棒型变化不大，整体看示冷型植硅体含量较多。温暖指数介于 0.090～0.290，平均 0.190。对应气候温暖期，经历了两次气候波动，有两次大幅度降温过程，揭示全新世暖期存在两次降温事件。组合带④深度范围 0～2.9 m，约 4500 年前至今，相对于组合带③示暖型植硅体扇型（2.11%～12.93%）、长方型和哑铃型含量下降，正方型略有上升。示冷型植硅体尖型、帽型和齿型含量有所增加。温暖指数为 0.098～0.267，平均 0.180。气温持续下降，但下降幅度不大，气候相对较凉爽。总体而言，植硅体组合分带分别对应较强烈的气候变化事件，4.5 ka BP 对应强烈的气候变冷期，8 ka BP 对应快速降温事件，11 ka BP对应新仙女木事件，16 ka BP 对应末次盛冰期的结束，表明植硅体组合带与全球性气候事件相对应，植硅体组合带具有一定气候指示意义。

从沉积环境与植硅体组合所反映古气候上来看，尖型和平滑棒型植硅体含量峰值出现在浅海相，而河流相期间出现谷值，主要由于不同沉积期间温湿度随时间发生变化，导致相应时期植物生理活动随之相应的调整（郝兴宇等，2011），由此判断植硅体类型和含量受控于光合作用，在气温较高、湿度较大气候条件下植物光合作用强，植硅体含量丰富（李新峥等，2005；Schwarz A G et al.，1988），植硅体含量与植物生长对硅的需求规律相一致。潮坪相和浅海相沉积期间植硅体含量较多，而河流相沉积期间植硅体含量较少。根据植硅体变差系数，植硅体形态及含量在海陆过渡相和河流相沉积期间变化幅度较大，潮坪相沉积期间则较为平缓。这主要是由于浅海相沉积期间植硅体以示暖型为主，温度较高，湿度较大，适宜植物成长，因而植硅体数量较多，而在河流相沉积期间，由于温度迅速降低，植硅体数量急剧减少。在浅海相至三角洲相沉积期间，不同深度植硅体含量变化幅度减小，而河流相至海陆过渡相期间变幅较大，主要由于不同深度沉积环境温湿度气候条件的变化，使得植硅体类型和含量有所不同，这是由于植物植硅体形成与温湿度环境有一定的关系（Madella M et al.，2009），因而在一定程度上将植硅体作为恢复古气候环境的代用指标是可行的。

参考文献

安芷生，等，1991. 十三万年来中国古季风［J］. 中国科学（B辑），(11)：1210-1212.

陈沈良，谷国传，张国安，2004. 黄河三角洲海岸强侵蚀机理及治理对策［J］. 水利学报，7：1-7.

程慧，2019. 近40年来黄河三角洲孤东近岸的冲淤演变及其影响因素［D］. 华东师范大学.

董程，战超，石洪源，等，2019. 黄河现行与废弃河口海岸地貌动力作用差异的数值研究［J］. 海洋地质前沿，35（12）：14-24.

高伟，2011. 现代黄河三角洲钓口叶瓣地层层序研究［D］. 中国海洋大学.

韩广轩，栗云召，于君宝，等，2011. 黄河改道以来黄河三角洲演变过程及其驱动机制［J］. 应用生态学报，22（21）：467-472.

郝兴宇，韩雪，李萍，等，2011. 大气 CO_2 浓度升高对绿豆叶片光合作用及叶绿素荧光参数的影响. 应用生态学报，22（10）：2776-2780.

何磊，叶思源，袁红明，等，2019. 黄河三角洲利津超级叶瓣时空范围的再认识［J］. 地理学报，22（21）:146-161.

黄学勇，高茂生，张戈，等，2020. 现代黄河三角洲南部潮间带及附近海域沉积特征认识与分析［J］. 沉积学报，22（21）：146-161.

黄学勇，张戈，高茂生，等，2019. 现代黄河口南岸海洋沉积环境分析［J］. 海洋地质前沿，35（1）：12-21.

介冬梅，刘朝远，等，2010. 松嫩平原不同生境羊草植硅体形态特征及环境意义［J］. 中国科学，40（4）:493-502.

李广雪，薛春汀，1993. 黄河水下三角洲沉积厚度、沉积速率及砂体形态［J］. 海洋地质与第四纪地质，(04)：35-44.

李广雪，庄克琳，姜玉池，2000. 黄河三角洲沉积体的工程不稳定性［J］. 海洋地质与第四纪地质，20（2）:21-26.

李广雪，1999. 黄河入海泥沙扩散与河海相互作用［J］. 海洋地质与第四纪地质，19（3）：1-10.

李新峥，刘振威，孙丽，2005. 南瓜净光合速率及其生理生态因子时间变化特征［J］. 安徽农业科学，33（6）：1028-1029.

刘丽丽，荆羿，常红娟，等，2015. 黄河三角洲尾闾河道与海岸演变特征［J］. 水利科技与经济，21（9）:1-3.

龙跃，2019. 晚更新世以来黄河三角洲的沉积相划分及环境演化研究［D］. 中国海洋大学.

罗宗杰，吴建政，胡日军，等，2016. 东营港海域冲淤特征［J］. 海洋地质前沿，32（12）：40-45.

马瑞罡，胥勤勉，褚忠信，2017. 黄河三角洲GJ1孔晚第四纪地层层序及全新世沉积单元划分［J］. 中国海洋大学学报（自然科学版），47（12）：97-109.

庞家珍，司书亨，1979. 黄河河口演变——Ⅰ. 近代历史变迁［J］. 海洋与湖沼，(02)：136-141.

彭俊，陈沈良，刘锋，等，2010. 不同流路时期黄河下游河道的冲淤变化过程［J］. 地理学报，65（5）:613-622.

任寒寒，范德江，张喜林，等，2014. 黄河入海口变迁的沉积记录：来自粒度和 ^{210}Pb 的证据［J］. 海洋地质与第四纪地质，34（4）：21-29.

时培兵，褚庆忠，陈小哲，等，2015. 现代黄河三角洲沉积相分析［J］. 煤炭与化工，38（10）：45-51.

宋莎莎，孙永福，宋玉鹏，等，2020. 黄河口水下三角洲刁口叶瓣的核素分布与沉积特征［J］. 海洋地质与第四纪地质，40（03）：43-50.

田动会，滕珊，冯秀丽，等，2017. 黄河三角洲埕北海域底质沉积物粒度特征及泥沙输运分析［J］. 海洋学报，39（3）：106-114.

王厚杰，原晓军，王燕，等，2010. 现代黄河三角洲废弃神仙沟-钓口叶瓣的演化及其动力机制［J］. 泥沙研究，（04）：51-60.

王琬璋，周良勇，段宗奇，等，2016. 现代黄河三角洲沉积物磁性地层年代框架及环境磁学研究［J］. 地球物理学报，62（5）：1772-1788.

王永红，沈焕庭，张卫国，2004. 长江与黄河河口沉积物磁性特征对比的初步研究［J］. 沉积学报，22（4）：658-663.

王永吉，吕厚远，1994. 植物硅酸体的分析方法［J］. 植物学报，36（10）：797-804.

王永吉，吕厚远，1992. 植物硅酸体研究及应用［M］. 北京：海洋出版社.

夏东兴，刘振夏，等，1991. 渤海古沙漠之推测［J］. 海洋学报，13（4）：540-546.

夏东兴，刘振夏，等，1996. 末次冰期黄河解体初探［J］. 海洋学报，27（5）：511-517.

徐怀大，王世风，陈开远，1990. 地震地层学解释基础［M］. 北京：中国地质大学出版社.

薛春汀，周永青，等，2004. 晚更新世末至公元前 7 世纪的黄河流向和黄河三角洲［J］. 海洋学报，26（1）:48-61.

杨立建，马小川，贾建军，等，2020. 近百年来黄河改道及输沙量变化对山东半岛泥质楔沉积物粒度特征的影响［J］. 海洋学报，42（1）：78-89.

叶银灿，2012. 中国海洋灾害地质学［M］. 北京：海洋出版社.

袁萍，毕乃双，吴晓，等，2016. 现代黄河三角洲表层沉积物的空间分布特征［J］. 地球物理学报，36（2）:49-57.

赵广明，叶青，叶思源，等，2014. 黄河三角洲北部全新世地层及古环境演变［J］. 海洋地质与第四纪地质，34（5）：25-32.

赵松龄，刘敬圃，1996. 晚更新世末期陆架沙漠化环境演化模式的探讨［J］. 中国科学：D 辑，26（2）:142-146.

赵玉玲，冯秀丽，宋湦，等，2016. 现代黄河三角洲附近海域表层沉积物地球化学分区［J］. 海洋科学，40（9）：98-106.

Chao Jiang，Shunqi Pan，Shenliang Chen，2017. Recent morphological changes of the Yellow River（Huanghe）submerged delta：Causes and environmental implications［J］. Geomorphology，293.

Limin Hu，Xuefa Shi，Yazhi Bai，et al. ，2016 . Recent organic carbon sequestration in the shelf sediments of the Bohai Sea and Yellow Sea，China［J］. Journal of Marine Systems，155.

Madella M，Jones M K，Echlin P et al. ，2009. Plant water availability and analytical microscopy of phytoliths：

Implications for ancient irrigation in arid zones. Quaternary International，193：32-40.

Schwarz A G，Redmann R E，1990. Phenology of northern poulations of halophytic C_3 and C_4 grasses. Canadian Journal of Botany，68（8）：1817-1821.

Xing G P，Wang H J，Yang Z S，et al ，2016. Spatial and temporal variation in erosion and accumulation of the subaqueous Yellow River Delta（1976-2004）［J］. Journal of Coastal Research，SI 74：32-47.

第3章 黄河三角洲海底浅表层典型灾害地质类型判识

“灾害地质类型”主要是基于浅地层剖面和侧扫声呐声学图谱的圈定识别发现的，在海洋、河流水动力的耦合作用下海底表层和浅部地层发育形成的灾害地质类型。圈定并识别的区域范围为黄河三角洲近岸海域，即海图水深5~20 m范围内，属于黄河水下三角洲区域。全部灾害地质类型的识别均基于覆盖黄河三角洲近岸海域的3 200 km浅地层剖面及侧扫声呐数据资料的解译分析圈定和辨识，该区海底水深地形复杂，海底呈波状起伏，普遍发育长条状、不规则圆形等侵蚀型灾害地质类型，包括凹坑、冲刷槽、砂斑和侵蚀残留体等类型，局部砂质海底小型沙波类型发育普遍。另外，海底浅表层堆积型灾害地质类型是由黄河入海径流搬运入海泥沙，逐渐沉积堆积而成，其上发育埋藏古河道、冲刷残留体和浪蚀坑洼等典型灾害地质类型。

3.1 数据资料及判读解译方法

通过黄河三角洲近岸海域大范围侧扫声呐、浅地层剖面数据资料的解译判读，根据声学图谱的反射与层序地层判识，进一步明确灾害地质类型的形态及其规模范围。数据资料包括3 200 km浅地层剖面、侧扫声呐声学图谱有效数据，其涵盖1855年以来不同期次亚三角洲叶瓣沉积体。浅地层剖面利用CSP2200高分辨率中地层剖面仪采集，数据资料图谱清晰、声阻抗界面，同相轴清晰和相位连续可辨。侧扫声呐数据主要采用EdgTech公司4200-FS双频、全数字侧扫声呐系统采集，该系统集成了全频谱、多脉冲勘探技术，高、低频通道数据记录良好、信噪比高。Triton解译分析软件具有海底追踪、斜距校正、TVG和AGC增强及目标捕捉功能，并以人机交互方式进行判读和特征参数提取。

上述侧扫声呐数据记录良好、信噪比高，浅地层剖面数据声阻抗界面清晰、相位连续可辨。上述数据虽然采集时间、来源不同，而调查采用的仪器设备、采集参数设置相同，由此保证了数据资料之间的可比性。依据浅地层剖面声学图谱断面形态、充填沉积特征，根据浅地层剖面声学地层的反射波振幅、频率、相位的连续性，及其波组组合关系等，判读声阻抗反射界面，划分声学反射界面（李平等，2011），进行海底浅表层灾害地质类型的识别圈定。基于高分辨率侧扫声呐声学图谱灰度变化、波形特征与层序振幅

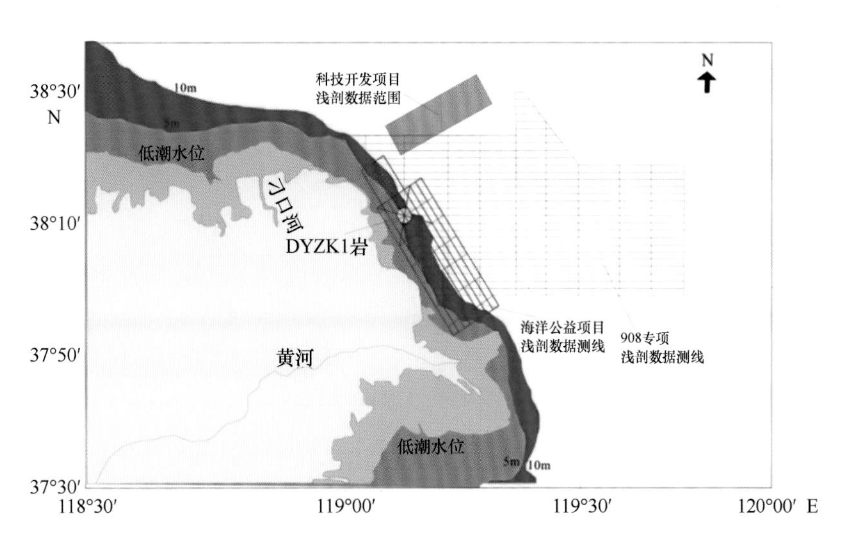

图 3.1-1　浅地层剖面和侧扫声呐声学图谱数据资料分布

的连续性，从不同方向、多种记录与多次比较的方式进行灾害地质类型的判读，通过反射体阴影高差、斜距等归算特征参数，进行灾害地质类型、区域位置和规模范围的判识。结合区域水动力条件、沉积环境、底质沉积物及海床冲淤变化，探讨灾害地质类型的空间组合关系及其形成发育的动力机制。

浅地层剖面使用英国 AAE 应用声学公司的 CSP2200 型中地层剖面仪（图 3.1-2），CSP2200 震源高压输出 3550 V（DC），输出能量 100~2200 J，充电率 1500 J/s，AA300 极板发射能量范围 100~350 J，Squid 2000 电火花能量范围 300~2500 J，Squid 500 电火花能量范围 100~500 J；AAE20 水听器响应频率-10~10 kHz（-3 dbar）、灵敏度-167 dbar。侧扫声呐则采用集成了全频谱和多脉冲技术的 EdgTech 公司 4200-FS 型全数字、双频高分辨率侧扫声呐系统，该系统具有图像校正、自动范围适应增益控制。根据底质类型和沉积环境的差异，选择合适脉冲长度优化声呐成像，对浅海海底进行清晰、直观成像。工作频率可选 455 kHz（HF）和 100 kHz（LF），双侧最大扫宽 200 m（HF）和 800 m（LF）。侧扫声呐声学图谱色调变化反映图像特征是判释声图目标的关键，依据底质类型与特征，进行时间增益调节，勘探作业过程中保持各参数不变。为保证声学图谱数据资料的清晰可辨，船速始终保持不超过 4 kn 的匀速。

在海底障碍物及浅部地层异常地质体的判识、解译中，主要根据声学图谱灰度、形态及反射特征，并参考水声学声波在海底不同介质中的反散射特征，结合海洋动力环境及变化特征，以探讨海底冲淤变化与灾害地质类型发育关系。对浅地层剖面、侧扫声呐的声学图谱数据资料，根据声学图谱形态特征（图 3.1-3 和图 3.1-4）进行灾害地质类型的识别、解译圈定。在对全部类型声学图谱灾害地质类型，圈定量算完成后，采用聚类分析法进行灾害地质分区。

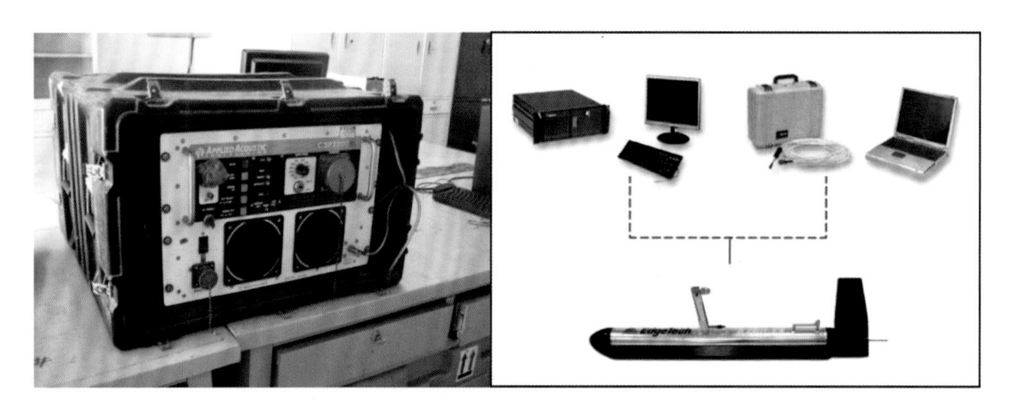

图 3. 1-2　浅地层剖面和侧扫声呐系统

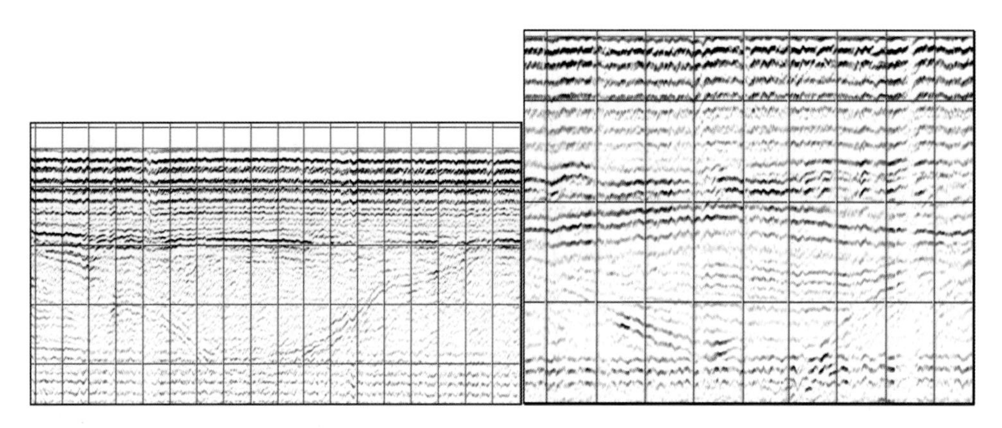

图 3. 1-3　典型埋藏古河道浅地层剖面声学图谱

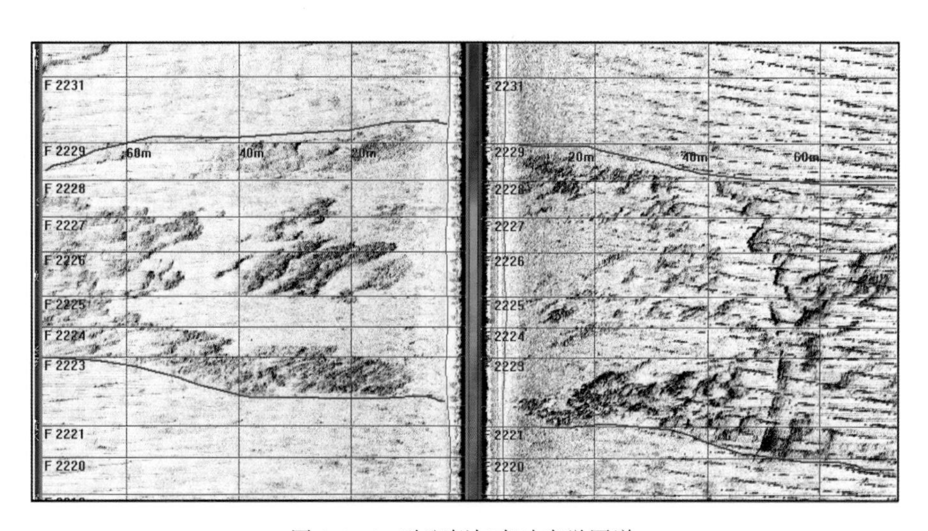

图 3. 1-4　砂斑侧扫声呐声学图谱

浅地层剖面仪是利用声波探测海底浅部地层结构和构造的仪器设备，利用声波在水中及水下传播和反射特性，探测海底浅部地层的结构构造。在实测浅地层声学剖面资料进行综合解释和分析的基础上，通过相位、波形、振幅和连续性对比、闭合检查，确定声学反射界面、划分声学地层。侧扫声呐根据图像形态判读扫测海底表层赋存的障碍物，并半定量开展表层形貌特征解译判读。在解译量算灾害地质体过程中，对同一个灾害地质体的类型、规模范围进行圈定确认，从不同方向、多种记录、多次比较的方法，以获取准确的灾害地质类型位置范围信息。根据海底灾害地质体的地物阴影高度、斜距校正，量算统计地物体高度，如埋藏古河道的判读，根据浅地层剖面中赋存的埋藏古河道进行圈定识别，依据根据浅地层剖面声学图谱的形态特征，以及河流相砂的沉积特征。结合钻孔岩心数据资料分析，确定古河道形成年代。针对埋藏古河道形态特征，依据古河道埋藏特征进行了埋藏古河道类型整编，建立黄河尾闾流路变迁图。

3.2　海底表层典型灾害地质类型声学特征及形成过程

3.2.1　凹坑

（1）声学图谱的特征及空间分布

黄河三角洲近岸海底浅表层灾害地质“凹坑”类型，在波流共同作用下，在局部地形凸出或软弱地层遭受冲刷而形成的负地形，凹坑内沉积物粒度较粗，以粗砂类型为主（图3.2-1～图3.2-3）。根据解译统计结果，凹坑深度平均1.6 m，最大2.7 m，集中分布在黄河三角洲东北部飞雁滩近岸海域，及埕岛海域。飞雁滩局部海域发育多个小型凹坑群，同时在埕岛海域平台、管缆周围，往往普遍形成并发育大型凹坑。从海洋水动力分析认为，海洋水动力的局部差异是凹坑形成的动力基础。凹坑集中分布区域，区域底质沉积物类型、性质的差异，形成冲刷凹坑群连续分布。

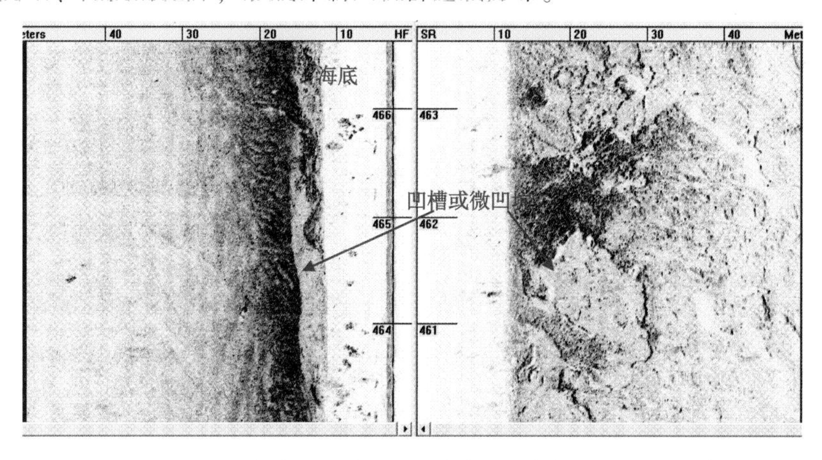

图3.2-1　潮流作用形成的凹坑或微凹坑侧扫声呐声学图谱

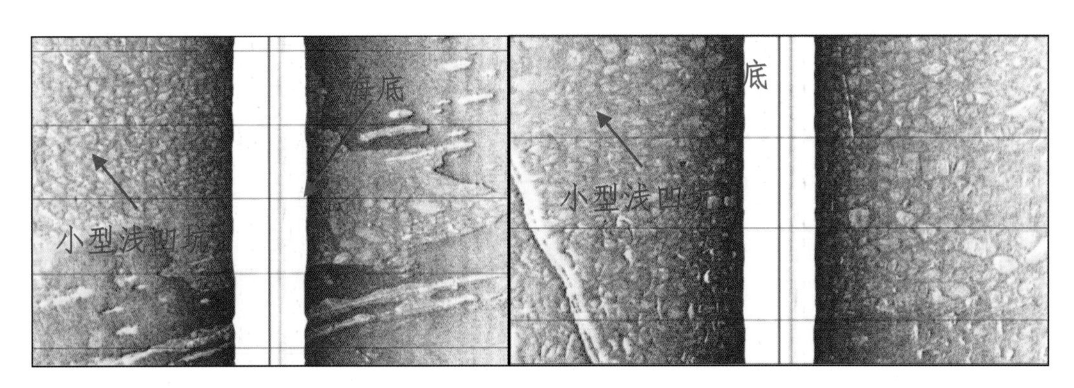

图 3. 2-2　小型浅凹坑侧扫声呐声学图谱

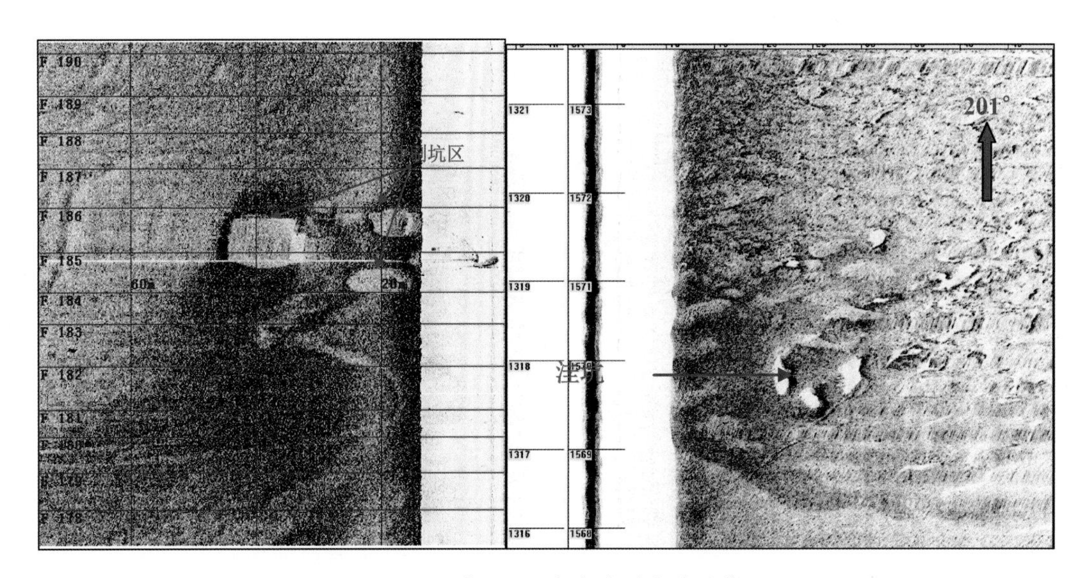

图 3. 2-3　典型凹坑侧扫声呐声学图谱

凹坑（冲刷坑）是一种负地形，属于侵蚀型灾害地质类型。在侧扫声呐声学图谱上表现为反射强度弱、灰度浅，通常在较硬底质沉积物区发育，主要由于海底不规则底流作用或者人类活动影响等外力干扰作用形成。主要分布在黄河三角洲西北部近岸浅水海域，呈成群分布的特征，该侵蚀坑群直径约 800 m 左右（图 3. 2-4 和图 3. 2-5）。

（2）凹坑形成发育过程

凹坑的形成与发育是海洋水动力特征、底质沉积物类型与分布的局部差异，及海床冲淤变化的局部差异等耦合作用的结果，其形态、规模，由潮流大小与主流方向等共同决定。凹坑在发育过程中，随着流速变化，常发育 3 种形态（图 3. 2-6）：流速较小时，凹坑形状以马蹄形为主；随着流速的增大，冲刷凹坑形状近似圆形；当流速再次增大时，冲刷凹坑形状近似梨形。在波浪作用下，海底局部冲刷发育 3 种类型的凹坑：浑水冲刷，由于波浪底部水质点的速度较大，床面泥沙全面起动，形成沙纹；对称的角状分布冲刷；

图 3. 2-4　典型侵蚀坑群侧扫声呐声学图谱

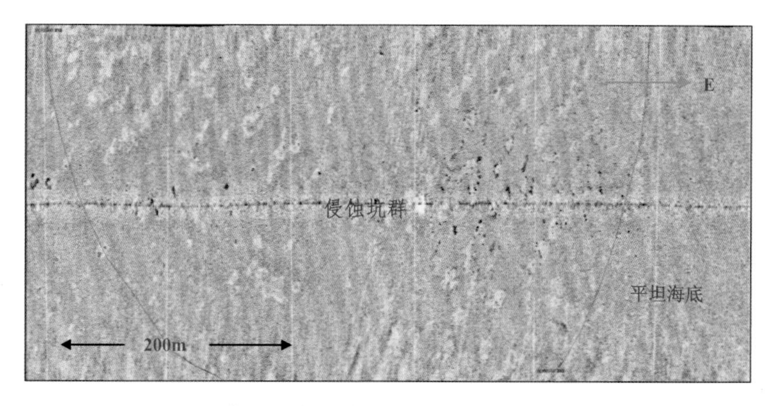

图 3. 2-5　黄河三角洲南部侵蚀坑群侧扫声呐声学图谱

环形冲刷是在水质点流速较小情况下，由马蹄形漩涡引起。总体来看，波流共同作用下局部区域的侵蚀冲刷坑的形态特征，与单一水流、单一波浪作用时基本相同，呈现倒圆锥形，在底床表面投影形态为不规则圆形，随着冲刷坑的逐步发育，海床床面逐渐形成发育沙纹。

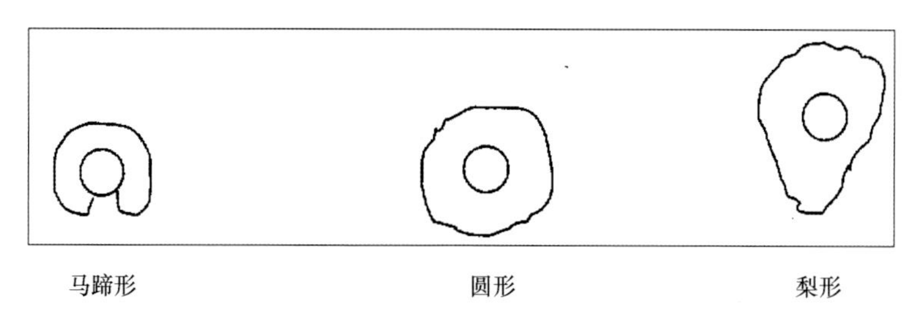

马蹄形　　圆形　　梨形

图 3. 2-6　不同水流作用下凹坑形状及其发育过程

冲刷变化是一个海底局部不断发育的变化过程。随着冲刷进行，冲刷坑不断发育，海底泥沙在波浪、潮流共同作用下达到新平衡，冲刷作用随之停止，冲刷坑的深度、形状保持稳定。冲刷一般从局部涡旋流速最大处开始，从地形低洼、底质软弱处逐步发展扩展，形成局部范围小型的冲刷坑。冲刷刚开始时，冲刷迅速，后冲刷速度逐渐减缓。冲刷坑随漩涡搬出的泥沙量与进入冲刷坑的悬移质和推移的量相等，进而达到准“冲刷平衡”态势。而冲刷过程在波浪作用下，局部冲刷不仅在冲刷形状上保持着相似性，最大冲刷深度产生的位置也基本一致，仅最大冲刷深度的绝对深度会产生一定程度的改变。

（3）凹坑发育机理

海底泥沙起动及搬运是由水流、波浪形成的海底剪切应力，与泥沙本身的临界剪切应力的相对大小共同决定。当水力剪切力超过泥沙临界剪切应力时，则泥沙起动、海底遭受冲刷破坏。自然状态下，海底泥沙在波浪和潮流共同作用下维持在一种平衡状态，当海底存在其他障碍物或局部水动力发生变化时，局部海域海底泥沙平衡遭受破坏，则会发生局部海底冲刷。局部地形变化剧烈区域，局部凸起地形的存在改变了海底正常水动力条件，之后泥沙在水动力场扰动后，海底泥沙平衡遭到破坏。

局部冲刷动力条件包括潮流作用、波浪作用及波流共同作用下冲刷等不同动力条件为主的类型。局部区域，几乎全部冲刷都是由波流共同作用形成，其形成机制非常复杂，主要通过波流耦合叠加作用对其进行分析和研究。一般情况下，在波、流共同作用下，局部冲刷的形成和尺度取决于单向水流流速以及波动流速的变化及相对大小。引起局部冲刷二次流主要有 3 种类型，凸起地形前方形成的旋涡，是冲刷坑围绕凸起地形发育的主要作用力。涡流的存在，使凸起地形前面底床冲刷，并在冲刷坑内形成相对平坦小区；由剥离旋涡形成的二次流在冲刷坑的迎流面附近形成较弱的反向旋涡。凸起地形侧向绕流流速加大，进一步助长了凸起地形前旋涡侵蚀作用，加速泥沙悬浮运移。在与流向呈 90°角相交的凸起地形侧面，流速可增至原来的两倍；凸起地形后方的梯度变化趋势与桩前相反，随离底面高度增加压力减小，这种不平衡使泥沙易随紊动水流搬运输出冲刷坑。波浪作用下，由于凸起地形，周围的波动水流在凸起地形两侧形成马蹄形漩涡并向下游方向移动。在原始流场作用下，波浪形成的涡流进一步助长了底床的冲刷作用，侧向马蹄形漩涡向下游移动造成冲刷坑位置分散，遍布凸起地形四周。

凸起地形或海底残留体的存在，可从不同的角度对周围土体性状，特别是孔隙水压力产生的影响，促进海床局部冲刷。首先，凸起地形或残留体不可避免地对土体造成局部扰动，经扰动再沉积的悬浮体，原有的结构及其结构力被破坏，失去部分黏粒成分，迅速沉积后，孔隙水不能及时排出，形成一定的孔隙水压力，从而在土体的表层形成软弱面。上述软弱面密实度低，含水量大，颗粒间联系减弱，在水流和波浪剪切力作用下，易起动再次悬浮，造成底床局部冲刷。实验表明，在波浪剪切作用下，土体破坏从局部软弱区开始，泥沙运动不断成层向下传递，一层带动一层，在相当的深度范围内，孔隙水压力保持相当大的幅值，无明显衰减。当土体的破坏作用超过一定的深度时，孔隙水的压力不再增大至足以使土体发生破坏的程度时候，对于冲刷凹坑产生的重要因素的因素变为波浪、水流对底床的水平剪切应力，在增大的孔隙水压力作用下，土粒连接变弱，易在水平剪力作用下来回运动，土床凹坑不断加深扩大。被扰动的海底土体经过一定的平静时间后，因为黏粒含量的减少和孔隙水的排出，土体强度则会增大，而其周围土体间会产生软弱面，这样一来在波浪和水流共同作用下，侵蚀区泥沙会再次运动，进而导致新一轮侵蚀破坏作用。

3.2.2　冲刷槽

典型灾害地质类型冲刷槽在侧扫声呐声学图谱上呈线形分布，而在浅地层剖面声学图谱呈“U”字形或“V”字形，底部为凹形冲刷面（图 3.2-7 和图 3.2-8）。进一步通过沟内是否有充填物判断是否进行冲刷，出露于海底的地层多呈水平、斜交或交错层理。区域冲刷槽长度平均 71 m，最大 122 m，集中分布在黄河三角洲中部神仙沟至东营海港之间近岸海域。

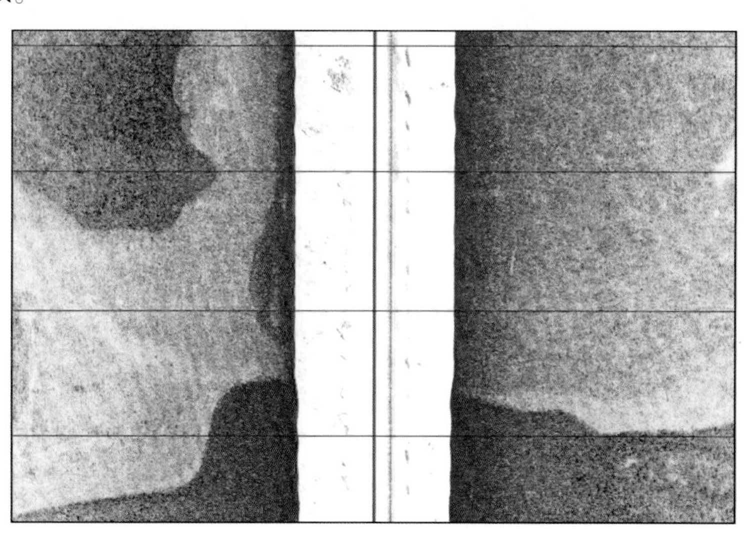

图 3.2-7　冲刷槽侧扫声呐声学图谱

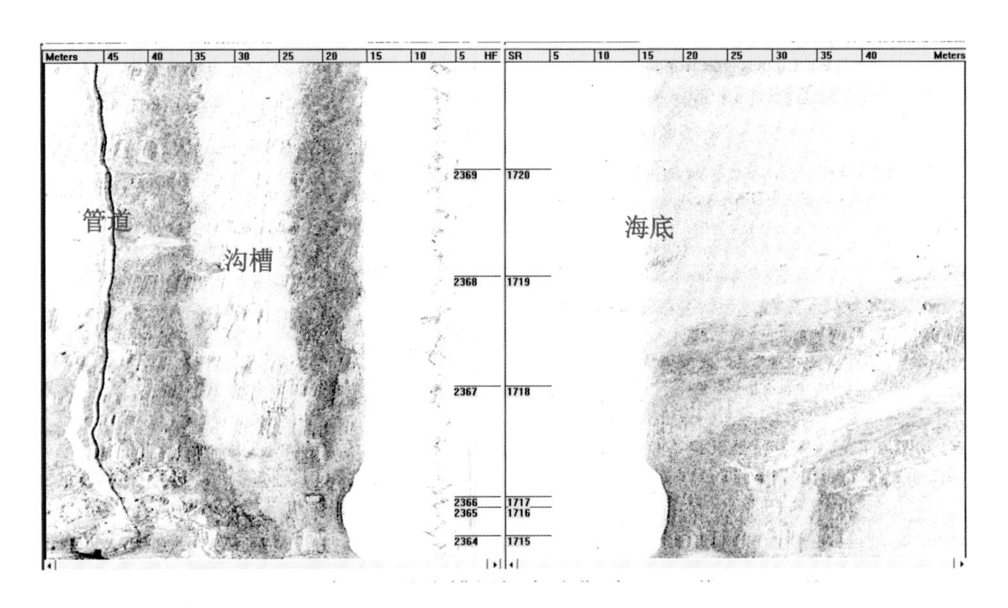

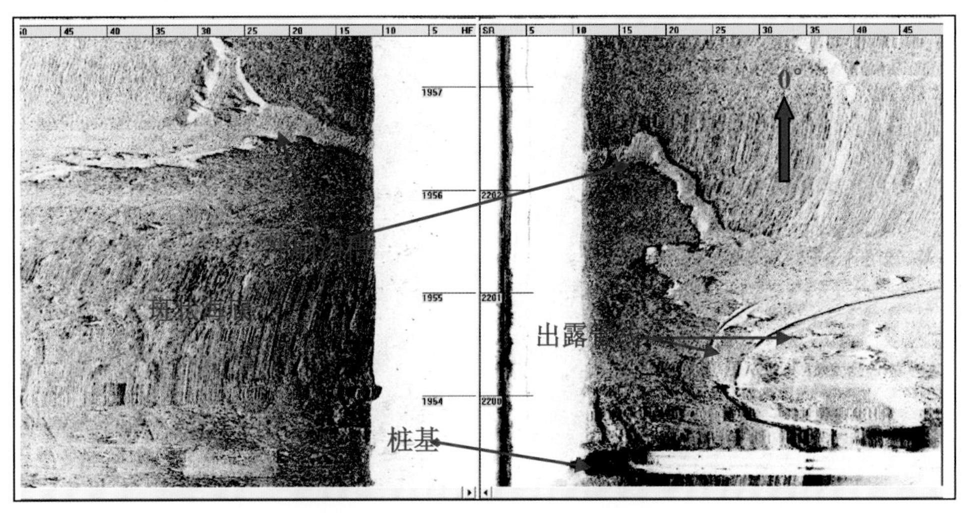

图 3.2-8　冲刷槽侧扫声呐声学图谱

3.2.3　侵蚀残留体

侵蚀残留体在侧扫声呐声学图谱上表现为反射强度与周边海底存在较大差异，四周或某侧发育冲刷痕，呈斑块状展布（图 3.2-9）。一般而言，侵蚀残留体沉积特征与周边海底沉积物比较而言，往往在以下 3 个方面有显著差异。第一，残留体沉积物粒度较周边沉积物粗，如周边为黏土，残留体为砂或者砾石等沉积物；第二，残留体为外力作用带来的碎屑物，在海流或波浪作用下聚集而成，碎屑物成分可以为侵蚀残留物等无明显高度差的团块状物质；第三，残留体与周边沉积物在成分上差别不大，但其物理力学性质却与周边沉积物有显著区别，如黄河三角洲周边普遍发育的硬黏土，其硬度之大可以与铁板砂媲美。

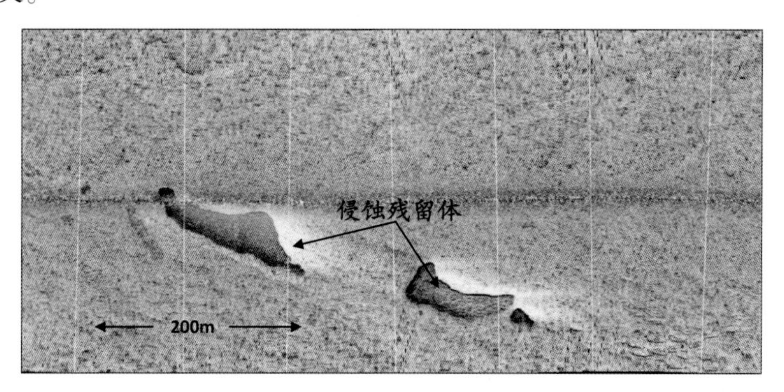

图 3.2-9　典型侵蚀残留体侧扫声呐声学图谱

海底表层灾害地质类型“侵蚀残留体”在侧扫声呐声学图谱上，表现为反射强度与周边海底差异大，且四周或某侧发育冲刷痕，呈斑状展布（图 3.2-10～图 3.2-12）。统计表明，该类型宽度 20～50 m 之间，长度在 100～150 m 之间，无明显阴影，规模高度较小。较集中分布在三角洲中部，神仙沟以北海域。同时在埕岛海域各石油平台周边、渔业作业区亦有广泛分布，推测部分是受人为活动作用影响而残留的废弃物堆积而成，在埕岛油田海域常发育小型侵蚀残留体，高差较小。

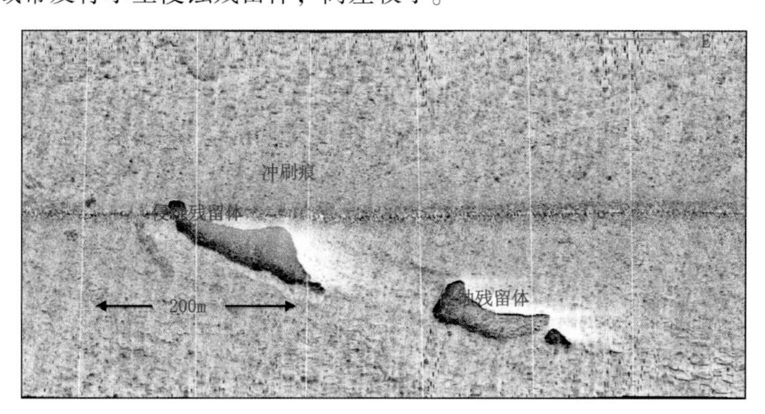

图 3.2-10　侵蚀残留体侧扫声呐声学图谱

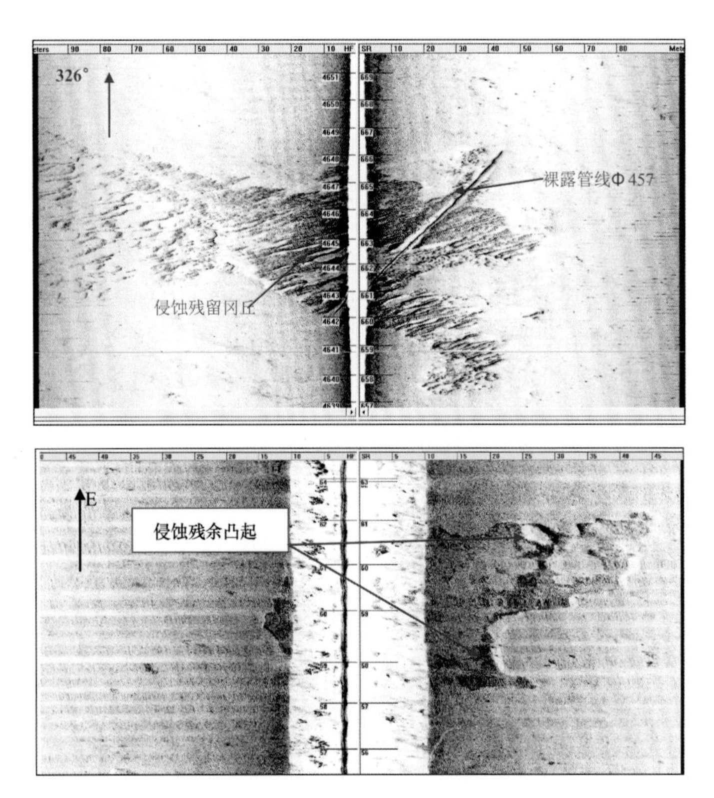

图 3.2-11　侵蚀残留岗丘（凸起）侧扫声呐声学图谱

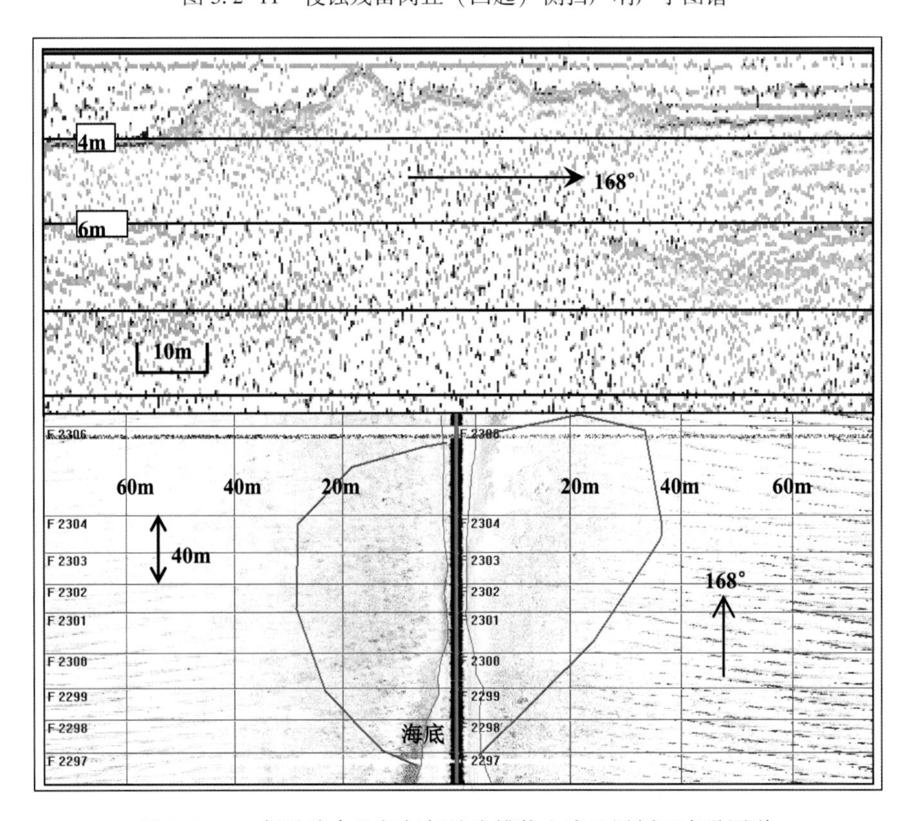

图 3.2-12　侵蚀残余凸起与侵蚀沟槽伴生浅地层剖面声学图谱

3.2.4　砂斑

砂斑（又称侵蚀劣地），是在海底表层发育的灾害地质类型，是在海流或波浪作用下由于海底沉积物类型差异或其物理力学性质差异，从而形成的沟槽与侵蚀平台相间分布的一种地貌形态，表面呈不规则支离破碎状（图 3.2-13），表现为侵蚀残留体与周边冲刷槽成片连续分布的特征。该类型主要在海底沉积物粒度较粗，通常发育于以砂为主的海底区域（图 3.2-14 和图 3.2-15）。砂斑主要由于海底遭受不均匀冲刷而成，在侧扫声呐声学图谱上表现为颜色深灰或浅黑的强反射不规则展布特征。研究区解译、统计结果表明，黄河三角洲近岸海域砂斑类型的单灾种面积平均 41 000 m^2，最大 54 000 m^2，砂斑分布较广泛，东营港至飞雁滩海域，以及埕岛油田海域较集中分布。

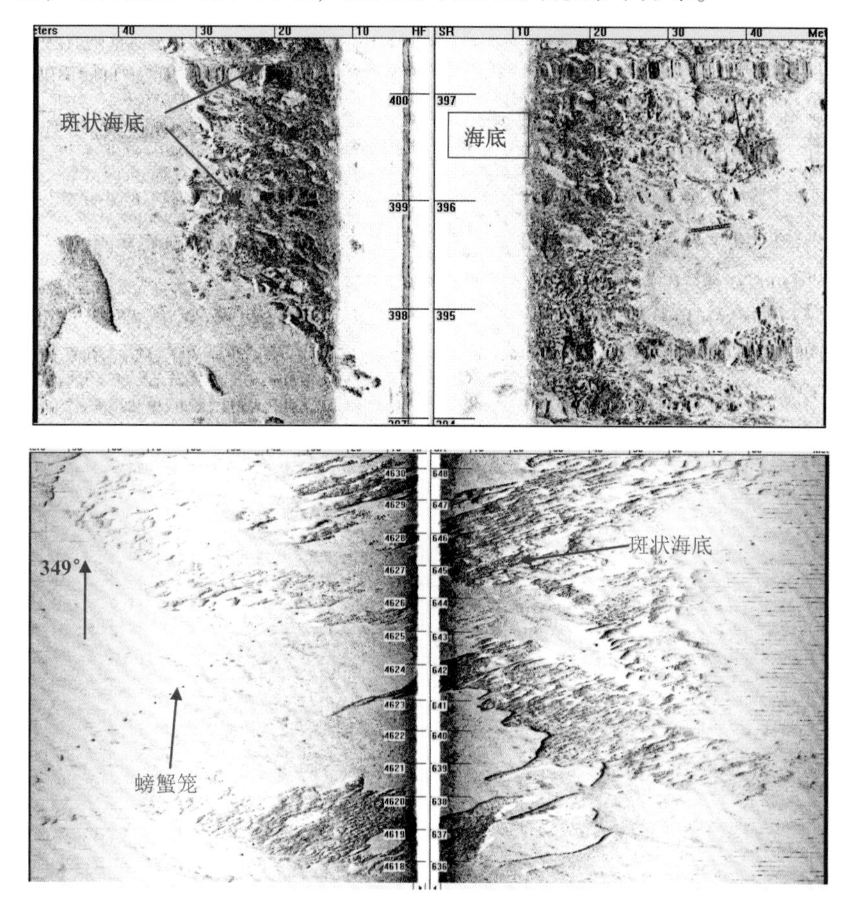

图 3.2-13　砂斑侧扫声呐声学图谱

砂斑（侵蚀劣地）集中分布在黄河三角洲近岸海域的近岸向陆侧，而在研究区东、中部水深较大处，发育较少。研究区发育的侵蚀劣地分为强侵蚀劣地和弱侵蚀劣地两种类型。强侵蚀劣地分布在研究区北部向陆侧，海底呈明显的切割破碎形态（图 3.2-16）；

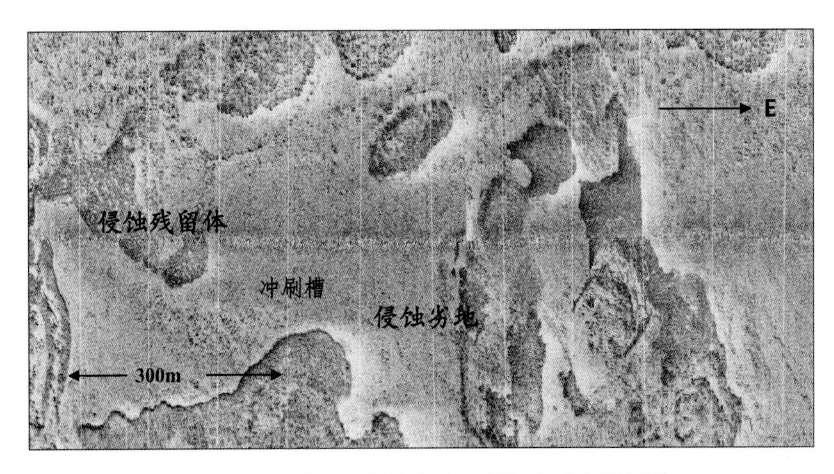

图 3.2-14　砂斑（侵蚀劣地）侧扫声呐声学图谱

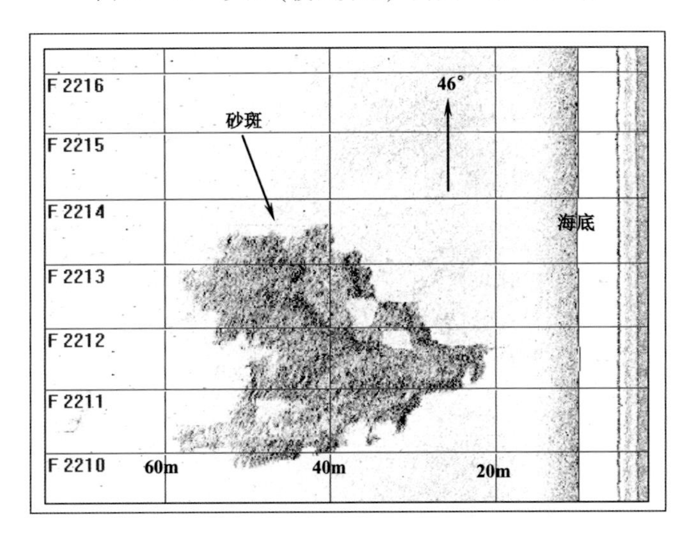

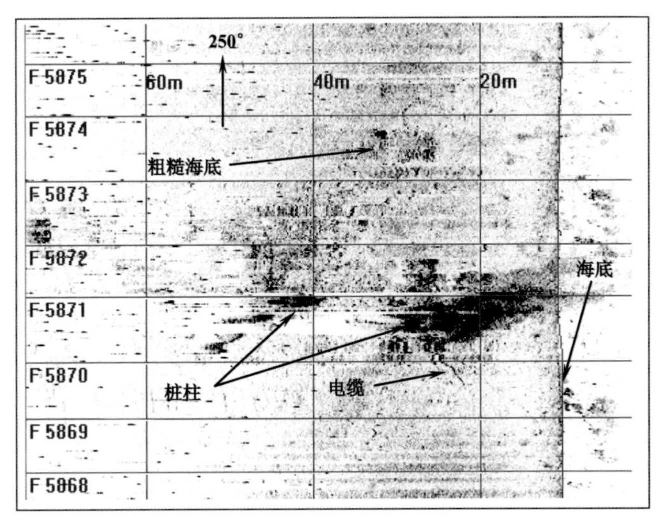

图 3.2-15　砂斑侧扫声呐声学图谱

弱侵蚀劣地分布于研究区南部向陆一侧以及强侵蚀劣地向海一侧，海底切割形态不明显，表现为麻点状（图 3. 2-17）。

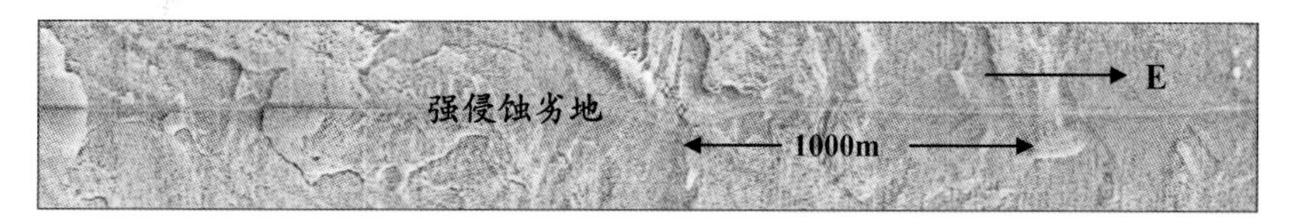

图 3. 2-16　沙斑（强侵蚀劣地）侧扫声呐影像

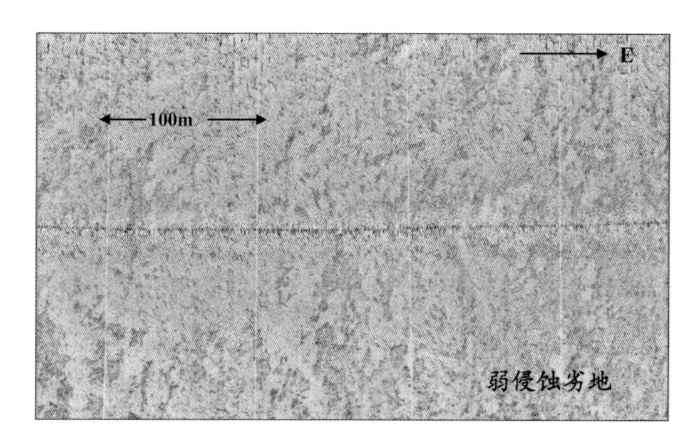

图 3. 2-17　沙斑（弱侵蚀劣地）侧扫声呐声学图谱

3. 2. 5　沙波

（1）沙波声学图谱特征及空间分布

沙波是一种发育在海底表层灾害地质类型，主要由水流作用塑造形成，常发育在水深较小、海底面宽而平缓的地貌部位。通常沙波轴线方向与水流的主流向垂直，且与现行海洋水动力状况相适应（图 3. 2-18）。沙波在侧扫声呐声学图谱表现为明显的亮、暗带相间分布，亮带表示波峰，暗带表示波谷。

沙波主要发育在砂组分为主、粗颗粒物质来源丰富的海床，在强海洋水动力条件下推移质持续搬运形成。沙波根据其规模范围大小和形态特征，分为小沙波（波长 6~30 m）和大沙波（波长>30 m）。按照沙波波长和波高，划分为沙波、沙垄和沙丘（彭学超，1999；栾锡武等，2010）。据解译分析结果，统计表明沙波波长平均 3. 6 m，最大 4. 7 m，较集中分布在黄河三角洲的孤东海域，同时在海图 7 m 等深线以深海域也有分布。在研究区东北部近岸强侵蚀区，在波浪较强劲作用下形成侵蚀沟槽。沟槽底为砂或砂砾，沉积物被冲刷带走，与潮流携带的物质在河口外围积，接受强风浪和潮流的相互作用，发育沙脊或大型海底沙波。在现行河口三角洲前缘区域，水深 0~7 m 处为河口沙坝、水深 7~12 m 处为远端沙坝。上述河口沙坝和远端沙坝集中分布区域，多以粗粒级

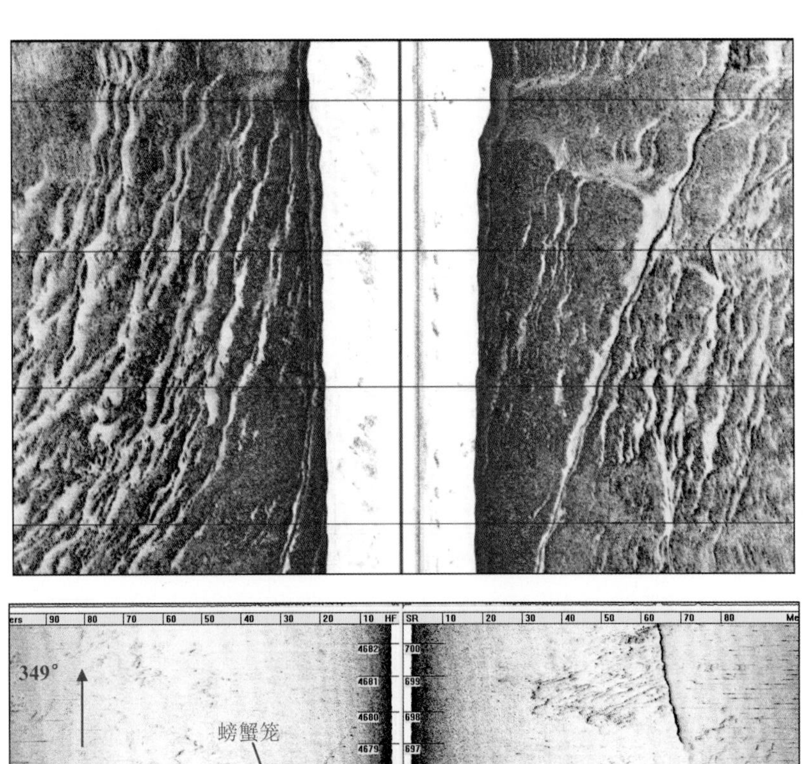

图 3.2-18　冲刷槽（冲刷波痕）侧扫声呐声学图谱

沉积物（粉砂质砂类型）类型为主，在径、潮流联合作用下，此区域沉积动力强、沉积物趋于粗化粗，沙波分布集中。

（2）沙波形成发育机理

沙波（ripple）亦称沙纹是海底常见的水下底形。按其形成的主要影响因素，分为以流水作用为主形成流成沙波，以风作用为主风成沙波，以波浪作用为主形成浪成沙波。尽管不同成因的沙波的形态特征和内部构造不同，但总体具有类似特征，沙波形态的表征要素（波峰、波谷、波长和波高）等 4 项较一致。

对沙波特征的认识主要是通过水槽实验而得到的。继吉尔波特（1914）对碎屑物进行水槽实验之后，1961 年，西蒙斯和理查森对粒径小于 0.60 mm 的砂进行了水槽实验

(水槽宽 2.44 m，长 45.72 m)，令水在水槽底部平铺的砂床上进行流动。砂的粒度参数特征、组分和矿物成分是近似相同，当水流流速很小时，处于层流状态，底砂不动时则为平床。当进入紊流时，随着流速的增大，当流速 V 大于砂的起动流速 V_0 时，砂粒起动，流速减小，砂粒又瞬时落下，紊流存在着忽大忽小的脉动性。根据试验结果，在当流速达到 17~20 cm/s 时，平坦底床逐步出现若干小沙凸起，这就是沙波的雏形。小凸起形成后，仍有水流作用，随着流速的进一步加大，小凸起的顶部和两侧则发育有较小的涡流，造成小凸起迎流面侵蚀并且变缓，背流面则受水平涡流作用而变陡，即形成迎流面缓、背流面陡的沙波。

沙波上游坡为向流面，受流体剪切力的作用，表面颗粒处于运动状态，在流体介质作用下，颗粒呈推移、跃移和悬移方式自前一波谷向波峰运动，则迎流坡表面存在一个薄薄的颗粒流动层，至波峰附近以喷流形式向下游扩散。流速类似于迎流面上的，将细粒物带到下沙波的迎流坡上；混合带流速垂直分布有明显变化，流层不稳定，并产生紊动和旋涡；回流带流体方向相反，逆背流坡面而上，并将细粒物质沉积于背流坡上。沙波形成后能否继续发育和运动综合来看与介质流速、粒径和水深等 3 个条件有关。弗劳德数 Fr 的大小主要决定于流速的大小，Fr 与 V_2 正相关。1961 年，西蒙斯与里查森的水槽实验认为 $Fr<0.17$ 时，水底为平床，$0.17<Fr<0.37$ 时，发育小沙波，$0.37<Fr<0.71$ 时，沙波增大发育水下沙丘；$Fr>1$ 时，水底发育上平床。1968 年，艾伦的实验直接建立沙波与流速的关系。在一定水深情况下，随着流速的增大，底床经历下平床—小沙波—大沙波（沙垄）—上平床—逆行沙波的演变过程。弗劳德数与水深有负相关关系，所以水深大小在水流沙波发育中起作用。艾伦 1968 年实验统计可知 $Fr=1$ 时各种水深所要求的流速，说明浅水时，只要较小的流速就可以达到 $Fr=1$，而深水时却需要相当大的流速才能达到同一目的。缓流区流速一定，水深增大时 Fr 数变化不大；而急流区里水深的负相关影响却十分明显，即随着水深的增大要求更大的流速才能发育一定的沙波类型。沙波发育与组成沙波的粒度的关系出之于粒度成分的起动流速。大粒径的起动流速大，就需要更大的流速才能导致其运动。按单向水流的实验，小沙波主要出现在平均粒径小于 0.65 mm 的沉积物中。中沙和细沙中形成大沙波需要更大的功率的水流，粒径大于 0.65 mm的沉积物随着流速的增大在平坦底床以上直接发育大沙波。

沙波一般随水流速度的变化波脊线也发生变化，根据 Allen（1968）相关实验，按照脊线不同分为直线型沙波、弯曲型沙波，及链状和舌状沙波、菱形小沙波。直线型沙波类型波峰线平直，相邻峰线互相平行，沙波扁平，沙波指数高。形成于缓流、浅水和横向变化不大的水流环境；弯曲型沙波波峰脊呈“S”状弯曲，反映水流和水深变化较大、流速不稳定的环境。链状和舌状沙波，波脊线弯曲率较大且不连续的沙波呈舌状向下游突出，舌体间是椭圆形侵蚀槽，槽长轴平行于局部水流方向，一般在流速、水深变化较大的，不稳定且逐渐变大的环境下形成并发育；菱形小沙波的波峰弯曲呈鱼鳞状，波高

低，舌呈尖角，形成于水深小于1~2 m，流速较大或伴以倾斜海底的环境。随着水流不稳定性的增强，波脊线由直线向微弯进一步弯曲率更大的方向发展。反之，根据沙波的类型和峰脊状态可以推断水流状况。

3.3 海底浅部地层灾害地质类型特征与发育机制

3.3.1 埋藏古河道

埋藏古河道是历史时期河流的行水流路，是尾闾故道摆动变迁与流系演替的直接证据，反映了河流溯源侵蚀堆积及其摆荡变化。利用高分辨率浅地层剖面探测技术手段，根据识别的埋藏古河道赋存空间位置与层位，反演尾闾故道主流路变迁过程。基于浅地层剖面记录的近代黄河古河道反演，可直观反映历史时期黄河尾闾流路摆动规律，也是从另外一个侧面探讨古黄河尾闾流路变迁手段。

（1）概况

埋藏古河道是一种埋藏在海底浅部地层中的灾害地质，在冰期低海面时，裸露的近岸海底在径、潮流共同作用下形成的负地形，被后期沉积物充填而形成的埋藏于浅部地层中的异常埋藏体，声学图谱剖面一般呈“V”字形或“U”字形（图3.3-1）。河道内所充填的沉积物松散、含水高、压缩性差且强度较弱，与下伏地层沉积物工程特性区别较大，且比较明显。使海底强度在平面上的差异较大，极可能造成地层的不均匀沉降（李平等，2013）。另外，古河道发育往往伴随着浅表层活动断层的发生，河谷常是构造破碎带的位置。古河道沉积一般上下界面均为不整合面，曾经历史上的暴露风化或者海水进侵淘选，物质结构疏松，是天然的物性界面，外力作用下易引起层间滑动，稳定性差。古河道充填沉积物，以粗碎屑砂砾石为主，孔隙度较大、层间水循环快，具有较强的渗透性，地层中形成长期的侵蚀、冲刷，上覆荷载易引起局部塌陷，破坏地层结构、导致基底不稳定。另外，古河道以第四纪晚更新世末形成为主，发育时期较晚，沉积物埋藏浅，固结压实效应差。在上覆重荷的压力下，随着作用期的延长，常产生不均匀沉降，许多海洋工程设施是庞然大物，诸如采油、钻井平台，将会失去平衡，甚至坍塌。古河道的沉积物，以陆源碎屑为主，含有比较丰富的有机质，河流的快速搬运堆积，可能演化成甲烷，沼气，这些气体呈分散状渗透在河道沉积物的层间，或者聚集在河流砂体中成为气囊，受浅层气的影响，沉积物结构疏松，孔隙压力增大，有效应力减小，若钻孔直接钻入浅层高压气囊，还有造成井喷失火的可能性。

（2）埋藏古河道类型判识

埋藏古河道根据充填物的种类、孔隙大小、填充方式，以及上下界面的整合关系的

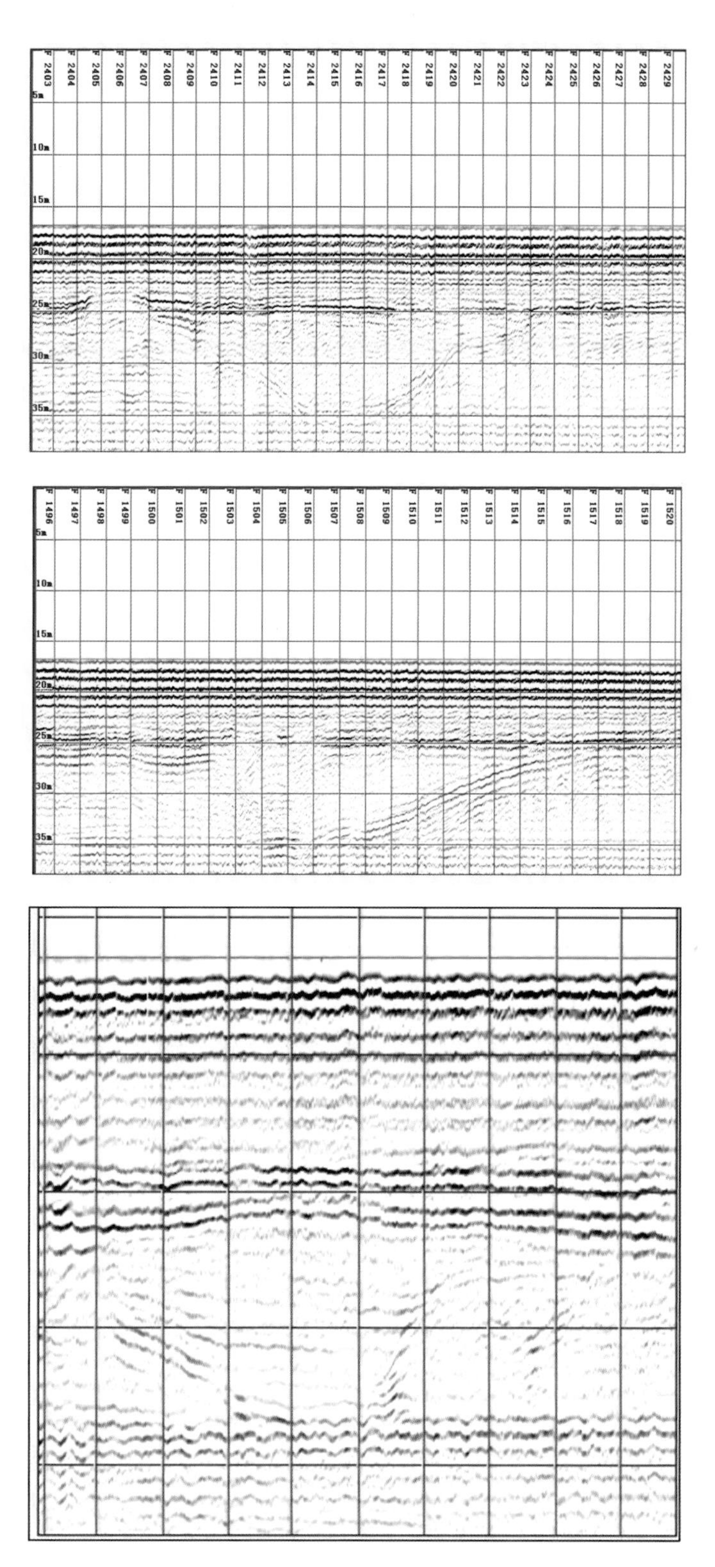

图 3.3-1　埋藏古河道（或古洼地）浅地层剖面声学图谱

不同，易于产生不均匀沉降、局部塌陷、沙土液化等地质灾害，对生产生活会造成潜在威胁（李平等，2013）。埋藏古河道因内部充填物，随着物质性质和海洋水动力条件的不同而呈现出多种类型的声学反射特征。发散充填和前积充填多表明河道横向摆动幅度较大，物源充足，河流下切作用小；杂乱或复合充填则多反映多变的水动力环境，充填差异很大。依据埋藏古河道充填物声学图谱结构的不同，分为杂乱型反射、前积型反射、发散型反射或上超型反射等类型（图 3.3-2）。

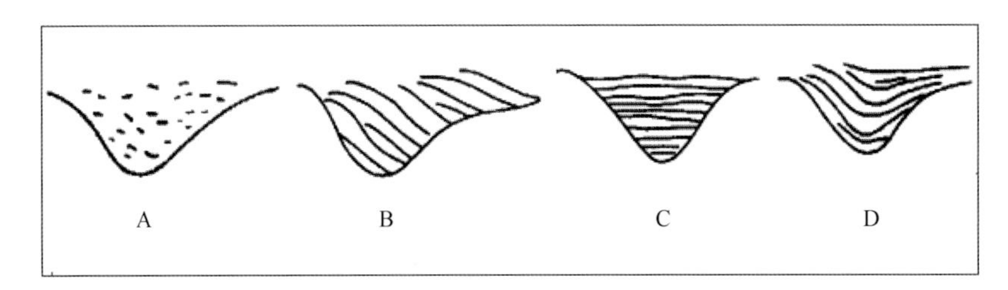

图 3.3-2　古河道填充物声学反射特征（王明田等，2000）

A 为杂乱型反射；B 为前积型反射；C 为上超型反射；D 为发散型发射

一些规模较大的埋藏古河道有迭瓦状反射结构，表现为小型，相互平行或不规则的倾斜同相轴，向河床缓岸侧依次叠置，这种细层在相邻测线上的平面组合，利于分析河流的主流向。还有一种上超充填型反射结构，在河床中的反射同相轴近于水平，在河床中心，同相轴向下略有弯曲。沉积层向河床缓岸的漫滩阶地逐层上超，向陡岸下超截切，反映了河流一边侧向侵蚀一边堆积的沉积特点。同时，在不同的河道中，反射波组强弱也有较大的变化，划分小型沉积旋回，可进一步推断水流能量的大小和物质成分的垂向变化（图 3.3-3 和图 3.3-4）。

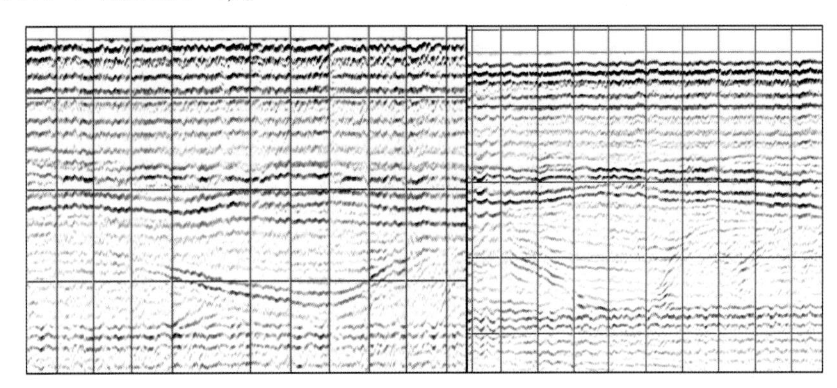

图 3.3-3　埋藏古河道（古洼地）浅地层剖面声学图谱

埋藏古河道的层间反射结构以强振幅杂乱反射为主，同相轴短，有扭曲、不连续，丘状突起或槽形凹陷结构形态。此外，同相轴有分叉，或归并情况，通常形成小型眼球状结构，在河道顶部，普遍有同相轴突然中断，为明显的上超顶削。上覆中振幅、中频

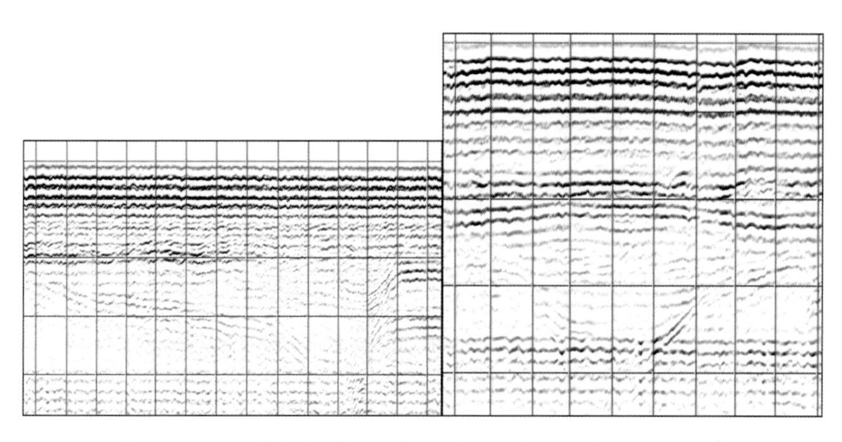

图 3. 3-4 埋藏古河道（埋藏古洼地）浅地层剖面声学图谱

率、连续—较连续的水平反射层，呈海侵夷平面，区域上与古河道沉积呈不整合或假整合接触（图 3. 3-5）。典型埋藏古河道的浅地层声学剖面声学图谱底部为起伏不平的强反射侵蚀界面，呈“U”字形，内部反射多为杂乱反射，部分为波状或前积反射，内部充填物有的反射强，有的反射弱，前者多颗粒较粗的砂砾质充填，后者多为泥质充填。根据解译结果统计，黄河三角洲近岸海域埋藏古河道顶板河道宽度平均 77. 6 m，最大 112. 7 m。该灾害地质类型较集中分布在神仙沟以北至埕岛油田海域，即飞雁滩临近海域分布较广（李平等，2013）。

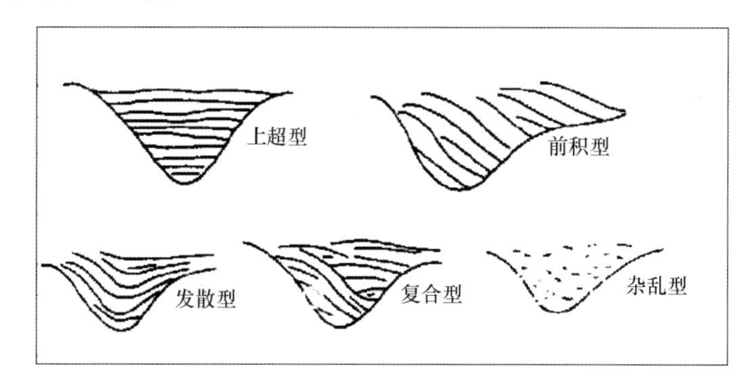

图 3. 3-5 埋藏古河道的填充类型

（3）埋藏古河道解译结果及其分布

根据 Leopold 的河流分类方法，古河道分为顺直型、弯曲型和辫状型 3 类，与之相对应，声学地层的横断面上分别为对称型、不对称型和复杂型 3 种古河道断面（王明田等，2000）。按断面上河道沉积下伏的不整合性质，以及河谷断面的形态特征，主要发育的古河道断面（或是可以揭示古河道特征的其他断面）有对称性古河道断面、不对称型古河道断面、复杂型古河道断面和埋藏河流阶地断面。

结合典型埋藏古河道图谱，对上述获得的近 3200 余千米黄河三角洲附近海域高分辨率浅地层剖面数据开展解译，圈定灾害地质体 51 个，从中确认了 20 个古河道埋藏点，确定埋藏位置，量算古河道顶，以及底界面埋藏深度（李平，李培英等，2013）。根据埋藏古河道形态特征，依据古河道埋藏特征进行埋藏古河道位置整编（表 3.3-1），建立了黄河三角洲地区埕岛海域地区，尾闾故道主流路的变迁（图 3.3-6）。此研究结果与现有的陆海一体化的黄河尾闾流路变迁趋势相一致，基本反映了近代黄河尾闾流路的变迁过程。

表 3.3-1　辨识的埕岛海域埋藏古河道位置一览表

序号	纬度（N）	经度（E）	河道深度（m）	序号	纬度（N）	经度（E）	河道深度（m）
1	38°17.5′	118°57.4′	5.6	11	38°13.9′	119°07.9′	4.7
2	38°17.1′	118°57.0′	5.8	12	38°15.2′	119°09.7′	5.8
3	38°16.2′	118°56.9′	6.6	13	38°12.6′	119°12.7′	7.0
4	38°15.5′	118°57.1′	7.2	14	38°09.3′	119°10.2′	4.1
5	38°13.8′	118°56.2′	4.8	15	38°17.5′	119°09.6′	4.9
6	38°13.1′	118°56.3′	5.9	16	38°08.7′	119°08.8′	6.5
7	38°07.9′	119°05.4′	3.9	17	38°08.3′	119°08.4′	4.9
8	38°11.4′	119°08.1′	6.8	18	38°07.5′	119°07.6′	6.9
9	38°12.5′	119°08.3′	7.2	19	38°05.2′	119°06.2′	4.4
10	38°13.5′	119°08.4′	4.9	20	38°04.8′	119°05.6′	5.6

利用浅地层剖面解译的方法，围绕高分辨率浅地层剖面声学图谱—埋藏古河道—近代黄河尾闾流路之间的关系开展研究，解译获取古河道位置有效点 20 个，据此初步构建了 3 条历史时期黄河行水流路，3 条尾闾行水流路为历史时期黄河现时的行水河道。3 条解译所得黄河尾闾流路基本上为 NNE—NE 走向，其中 NE 走向的为两条，NNE 走向的为 1 条，确认为当时黄河尾闾的 3 次行水路线。

（4）黄河尾闾流路变迁过程探讨

自从 1855 年，黄河尾闾小的改道 50 多次，较大规模的改道有 10 次，平均约 10 年就改道 1 次。黄河尾闾基本上在不同年代三角洲面上普遍行河 1 次，尾闾频繁摆动。从各条流路行水年限来看，最短的实际行水历时仅 3 年，最长的是目前仍在行水的清水沟流路，至今已有 30 多年。1996 年，根据胜利油田开发的需要，清水沟流路适时调整了入海口门，在原口门北部的清 8 断面附近实施人工出汊工程，使黄河尾闾向北摆动入海（李平等，2013）。

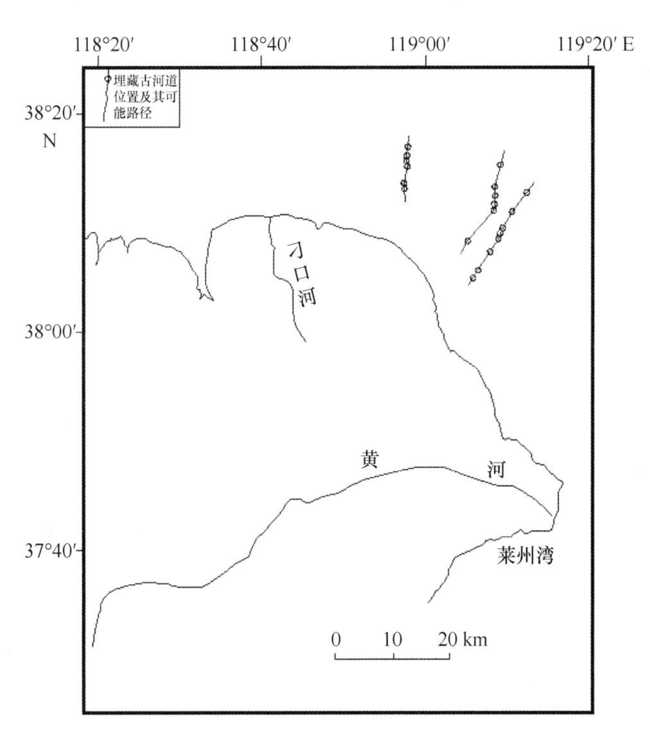

图 3.3-6　建立的埕岛海域黄河尾闾流路的变迁过程

埋藏古河道地层界面的侵蚀不整合关系，以及大批汉流古河道的发育可以揭示海退作用，古河道充填沉积物的发散反射或上超反射所指示的河口溯源堆积可以揭示快速的海进作用。

研究区主要的侵蚀不整合界面出现于声学地层的埋深 4.1～6.3 m，以及 10.4～11.7 m两个地层范围，根据同位素 AMS^{14}C 测年资料，它们分别对应地层年龄为（1 220±40）a BP 和（4 740±40）a BP。其中埋深为 4.1～6.3 m 侵蚀不整合界面和侵蚀残留体较普遍发育，埋深为 10.4～11.7 m 侵蚀不整合界面主要出现于本区近陆部分地区。埋深为 14.6～20.9 m 界面古河道发育较多，对应地层年龄（14 510±50）a BP，属玉木冰期。古河道大多发育于埋深为 14.6～20.9 m 层间，并且这些河道都在不同程度上出现的河口溯源堆积。

黄河三角洲区域距今 15 000～20 000 a 的玉木冰期，全球气候变冷海平面下降，相当于晚第四纪更新世末，海平面在现代海水深度 150 m 一线，陆架多次裸露成陆，其上发育不少河流，但在距今（10 000±300）年的全新世初期，当时大规模海侵，海面抬升，河道渐渐地被海水所淹没，并且被埋藏在不同深度的海相沉积物层下，成为晚更新世埋藏古河道（金仙梅，2004；杨作升等，1990；徐家声等，2006）。此文解译到的 20 个古河道埋藏点，埋藏深度均小于 10 m，反映了古河道的形成年代均为近代，主要由于该区域在黄河改道之后，遭受严重的侵蚀破坏，总体上以侵蚀作用为主，导致沉积厚度偏薄。

3.3.2 地层扰动

（1）地层扰动声学图谱特征

地层扰动为赋存于海底浅部地层之中的重要灾害地质类型。在侧扫声呐声学图谱上表现为颜色较一致的灰色，而在浅地层剖面声学图谱表现为顶界面光滑平坦形态，内部无明显反射层理，或稍有层理，其与周围土层的声学反射特征差异明显。浅地层剖面内部反射结构模糊不清，主要以杂乱反射为主，同相轴与相邻地层存在明显的间断。

自20世纪80年代，黄河三角洲埕岛海域发现储量丰富油田以来，人工岛、海上油气平台和海底油气管道等大量海上工程设施陆续建成，也成为灾害地质形成发育的重要影响因素。声学图谱判读解译结果表明，研究区地层扰动深度平均1.8 m，最大2.7 m，该灾害地质类型呈成片连续分布特征，集中分布在埕岛海域，及神仙沟临近海域。

自1996年黄河向北分叉改道之后，废弃三角洲叶瓣沙源断绝，遭受侵蚀破坏。受持续偏北风持续影响，岸滩整体处于侵蚀破坏过程，发育不同类型的海底滑坡、冲沟等灾害地质类型。通过浅地层剖面数据资料判读解译，浅剖声学图谱反映海底以下浅部地层因扰动形成不均匀地层。地层扰动原因复杂，新老河口间近岸海域，不同时期新老沉积物堆积、多次切蚀-充填构造普遍发育，表层存在轻微扰动现象，另外地层浅部埋藏的气体上溢而形成载气扰动层。自扰动体内部向外，在沉积物土的性质与组成、强度方面，均存在着突变界面。部分区域扰动层厚度大于4 m，形成扰动程度不等的扰动区（图3.3-7和图3.3-8），造成三角洲蚀退相地层变薄、甚至缺失。总体来看，海底表层扰动体，大量存在于海底斜坡上，研究区浅部地层扰动体主要分布在东北部的近岸及中部部分海域，为现代黄河所影响的范围。

黄河三角洲局部连续成片存在的地层扰动，地形平缓，微地貌不甚发育（主要为砂斑和凹坑），扰动虽造成层理紊乱变形，但变化相对均匀。表层地层扰动灾害地质声学特征以杂乱反射为主，内部无明显层理或稍有层理，与周围土层的声学反射特征有明显的差别。扰动可划分为弱扰动区（最大扰动深度1～2 m）和强扰动区（最大扰动深度4～5 m），扰动区局部连片集中分布，呈块状分布，局部呈大片区域连续分布，扰动地层扰动程度有强有弱，强弱扰动层相间分布（图3.3-9和图3.3-10）。主要由于表层土为松散—中密状态的粉土，在波浪循环荷载作用下，其残余孔隙水压力增加发生液化，导致沉积结构破坏，甚至发生垂向位移变形，地层发生扰动。

（2）地层扰动过程

2011年，研究区局部表层存在扰动地层，其声学图谱以杂乱反射为主，内部无明显层理或稍有层理，与周围土层的声学反射特征有明显的差别。路由区扰动可划分为弱扰动区（最大扰动深度1～2 m）和强扰动区（最大扰动深度4～5 m）（图3.3-11）。其分

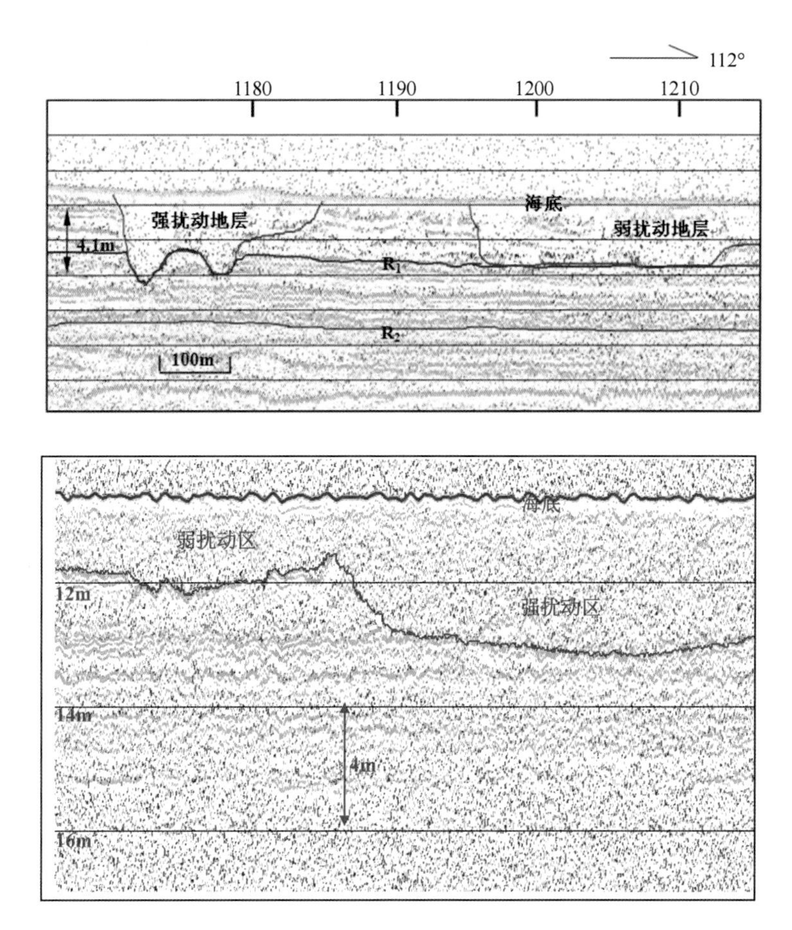

图 3.3-7　海底强弱地层扰动浅地层剖面声学图谱

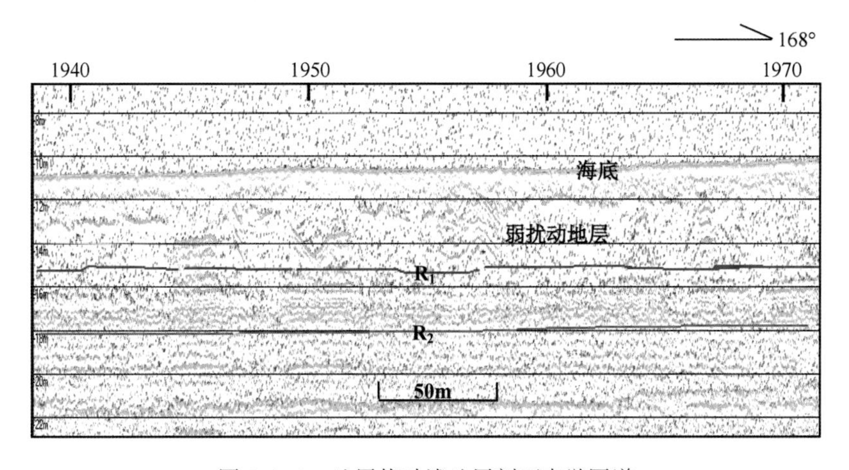

图 3.3-8　地层扰动浅地层剖面声学图谱

布特点是，扰动区呈块状分布，局部呈大片区域连续分布，扰动地层扰动程度有强有弱，

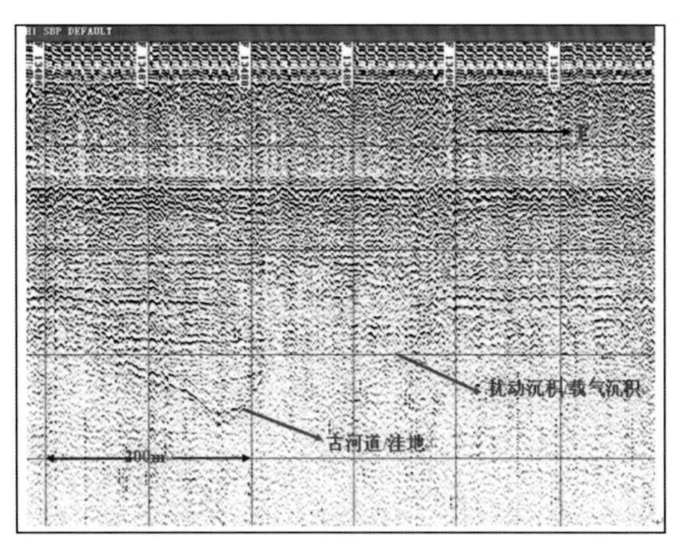

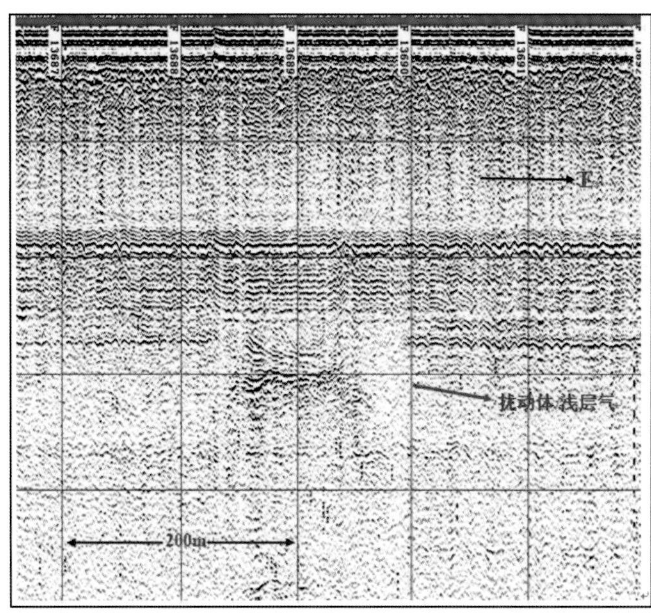

图 3.3-9　弱地层扰动浅地层剖面声学图谱

强弱扰动层多相间分布。

2012 年，对于同一块研究区分析表明浅表层仍然存在扰动地层，其声学反射特征是，反射结构模糊不清，以杂乱反射为主，同相轴与相邻地层有明显的间断（图 3.3-12）。

如图 3.3-13 所示，与 2011 年相比较，2012 年调查中，增加的区域扰动地层连续，最大扰动深度达 3.5 m 左右，浅部地层原始结构被扰动的模糊不清，界定为重度扰动区。

通过两年的对比可知：总体来看，调查区内扰动层的扰动范围及扰动深度没有太大变化，其力学性质总体变化不大，但抗剪强度略有增加的现象；仅部分区域出现扰动范

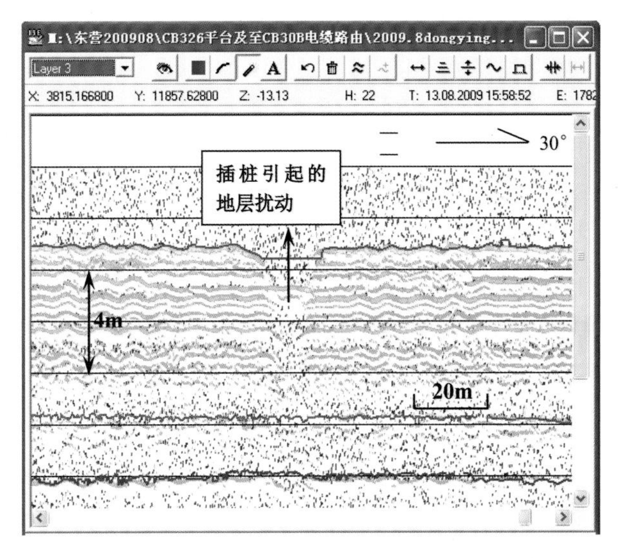

图 3.3-10　弱地层扰动浅地层剖面声学图谱

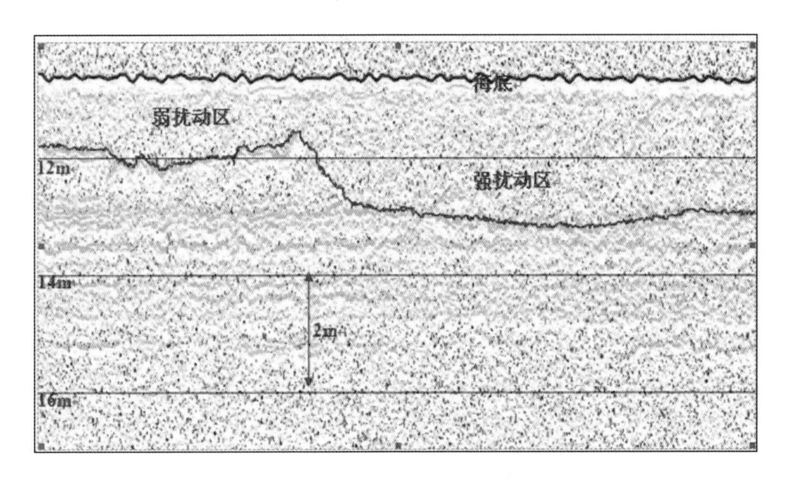

图 3.3-11　强地层扰动浅地层剖面记录

围稍变大及扰动深度稍微加深的变化趋势。

根据浅地层剖面记录资料的波阻反射强度、波形和波组特征，结合有关调查成果和区域地质环境资料，分析沉积层内部构造，推断沉积相和沉积环境，进行地层稳定性分析。

（3）地层扰动原因探讨

通过两次调查结果对比分析可知，近一年来扰动层范围和扰动深度几乎没有变化。仅出现一处不同，面积约为 6595 m^2。研究区中间部分的弱扰动层重合部分有两个钻孔，两个钻孔相距 500 m，通过工程地质实验结果进行分析，探讨其形成的原因（表 3.3-2）。

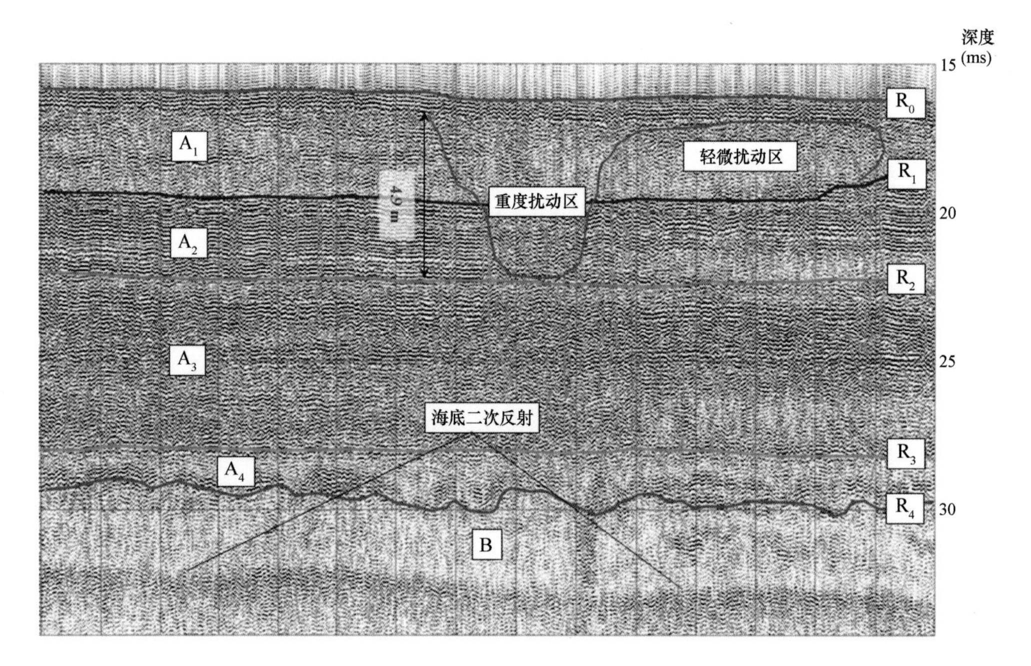

图 3.3-12　典型地层扰动典型声学图谱

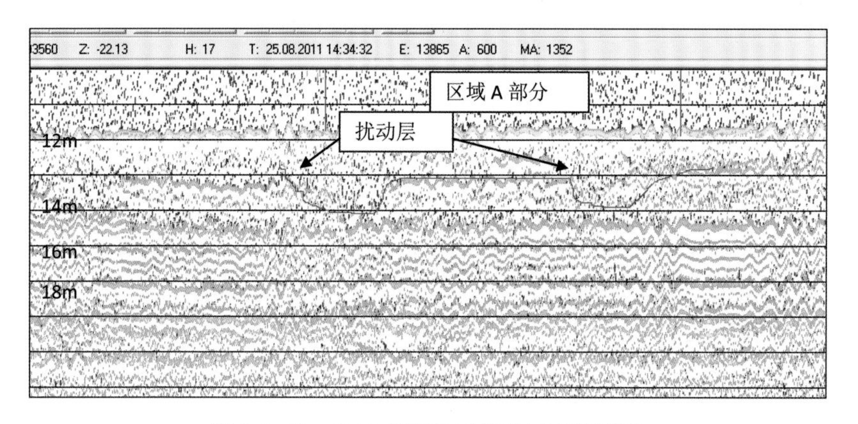

图 3.3-13　2011 年研究区浅地层声学图谱

表 3.3-2　地质钻孔基本信息

序号	钻孔时间	钻孔坐标（北京 54 坐标）		终孔深度（m）
1	2011 年	X=4 237 258.4	Y=655 143.4	10.0
2	2012 年	X=4 237 002.5	Y=20 655 581.0	10.0

2011 年钻孔资料：第①-1 层，为中密的粉土，该层厚度为 4.1 m，该层进行标准贯入试验 12 次，实测击数 13～21 击，平均 16 击，微型十字板测试抗剪强度 18.0～

30.0 kPa，平均22.8 kPa，取原状土样13件，其主要物理力学指标见下表3.3-3。

表3.3-3　地质钻孔第一层粉土物理力学指标统计

2011年地质钻孔							
项目	最小值 X_{min}	最大值 X_{max}	平均值 X_m	数据个数 n	标准差 σ	变异系数 δ	标准值 X_k
W（%）	18.6	29.0	24.3	13	3.7	0.15	26.5
Γ（kN/m³）	19.4	21.1	20.1	13	0.63	0.03	20.4
e	0.506	0.786	0.668	13	0.10	0.15	0.727
WL（%）	25.0	30.6	27.6	13	1.69	0.06	28.6
WP（%）	18.2	21.5	20.1	13	0.94	0.05	20.7
IP	6.4	9.1	7.5	13	0.88	0.12	8.0
IL	0.06	1.15	0.53	13	0.35	0.66	0.74
C（kPa）	17.0	19.0	18.0	5	1.00	0.06	18.0
Φ（°）	25.7	33.9	28.5	5	4.65	0.16	28.5
C（kPa）	13.5	20.2	17.4	8	2.17	0.12	19.0
Φ（°）	23.0	28.6	24.8	8	2.03	0.08	26.3
α_{1-2}（MPa^{-1}）	0.07	0.19	0.124	13	0.03	0.23	0.14
Es（MPa）	9.4	22.3	14.8	13	4.47	0.30	12.4
2012年地质钻孔							
项目	最小值 X_{min}	最大值 X_{max}	平均值 X_m	数据个数 n	标准差 σ	变异系数 δ	标准值 X_k
W（%）	23.2	26.8	25.0	11	1.18	0.05	25.7
Γ（kN/m³）	19.4	20.0	19.8	11	0.22	0.01	19.9
e	0.657	0.758	0.697	11	0.03	0.04	0.715
WL（%）	26.0	28.0	27.2	11	0.48	0.02	27.4
WP（%）	19.2	21.0	20.3	11	0.62	0.03	20.6
IP	6.2	7.6	6.9	11	0.46	0.07	7.1
IL	0.46	0.94	0.69	11	0.14	0.20	0.76
C（kPa）	17.2	18.5	17.8	11	0.41	0.02	18.0
Φ（°）	22.8	25.4	23.7	11	0.76	0.03	24.2
α_{1-2}（MPa^{-1}）	0.09	0.17	0.12	11	0.03	0.21	0.14
Es（MPa）	9.75	18.92	14.51	11	3.03	0.21	16.18

2012年钻孔资料：第一层，为中密的粉土，该层厚度为3.2 m，现场进行标准贯入试验6次，实测击数12～28击，平均18.7击，微型十字板测试抗剪强度23.0～32.0 kPa，取原状土样11件，其力学指标见下表3.3-3。

同一扰动层区的两次钻孔资料对比表明，其表层土力学性质总体相差不大，但抗剪强度略有增加。据图3.3-13可知，研究区出现一处不同地层扰动区域，比较后将两次浅地层资料对比说明：如图3.3-14所示，2011年研究区出现部分地层扰动，扰动区域不连续，最大扰动深度达2 m。因为该区域位于调查区的边界部分，只有1条测线通过，且扰动范围较小。

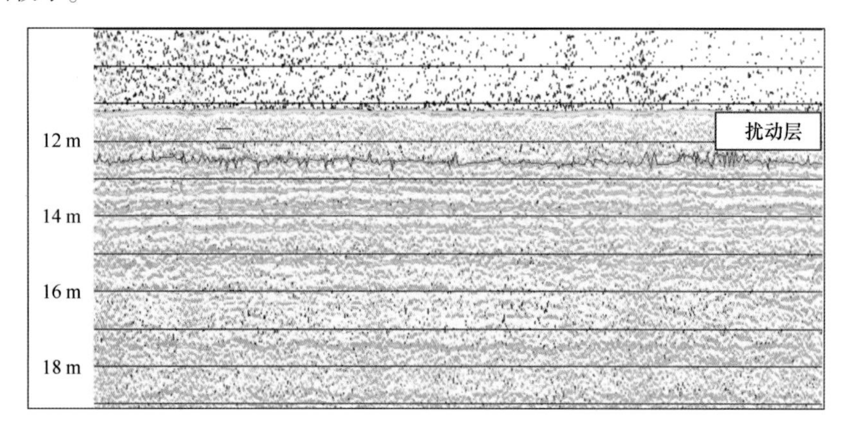

图3.3-14　2012年研究区浅地层声学图谱

3.4　典型灾害地质类型空间分布格局及其影响因素

灾害地质类型及其空间分布研究，是在综合分析区域地质、地貌环境特征及其分布基础上，通过灾害地质类型图谱特征及位置范围，以及典型灾害地质类型形成发育特征与规律性分析，探讨海底浅表层主要灾害地质类型的空间分布变化、主要影响因素，及不同灾害地质类型间的关系。从而为发现识别主要典型的灾害地质类型，探讨单个灾害或灾害组合的危害性提供数据资料基础。

浅地层剖面和侧扫声呐勘探等工程物探手段，逐渐成为圈定并识别海洋灾害地质类型的主要方法（李西双，2002）。以黄河三角洲近岸4 500 km^2海域为研究区，基于获得的3 200 km浅地层剖面和侧扫声呐数据资料进行解译分析，共判读、识别圈定出7种广泛存在并发育的典型灾害地质类型，按赋存位置划分为海底浅部地层灾害地质类型（埋藏古河道、地层扰动），以及海底表层灾害地质类型（凹坑、侵蚀残留体、砂斑、沙波和冲刷槽）。根据各灾害地质类型的特征的表征参数，各类型确定1项最能反映灾害地质特征参数，表征各灾害地质类型的特征与规模范围（表3.4-1）。

表 3.4-1　黄河三角洲海底浅表层代表性灾害地质类型的统计特征

类型	微地貌类型的声学图谱特征及成因	微地貌类型的规模范围及空间组合分布
凹坑	凹坑声学图谱形状规则，坑内外声学图谱反射特征差异显著、界线清晰，是波流动力与海底沉积物相互作用形成，反映了沉积物差异	凹坑深度平均 1.6 m，最大 2.7 m，集中分布在飞雁滩和埕岛海域，局部发育大型凹坑或者凹坑群
侵蚀残留体	声学图谱反射强度与周围界线明显，存在明显高差，呈斑块状分布，周围通常伴生冲刷痕	侵蚀残留体高度平均 0.8 m，最大 1.7 m，集中分布在神仙沟叶瓣及其北部埕岛海域
冲刷槽	呈线状分布，声学图谱底部存在“U”字形或“V”字形冲刷面，层序地层为斜交或交错层理	冲刷槽长度平均 71 m，最大 122 m。在神仙沟叶瓣至孤东亚三角洲叶瓣分布广泛
砂斑	在粗砂、硬质海底，由底流不均匀冲刷形成。声学图谱表现为深灰、浅黑强反射、斑点状分布	砂斑（群）面积平均 11 000 m^2，最大 24 000 m^2，集中分布近岸中部的飞雁滩与埕岛海域
沙波	波流共同作用发育形成，沙波走向受强浪、往复流水动力条件控制，轴线近似垂直潮流主流向	沙波波长平均 3.6 m，最大 4.7 m。在现行河口周围海域，及破波带以深海域海底分布广泛
埋藏古河道	声学图谱底部强反射侵蚀界面起伏不平，剖面呈“U”字形，内部多杂乱层理反射，呈波状前积反射，内部为强反射的砂砾质充填	埋藏古河道宽度平均 900 m，最大 1 500 m。在神仙沟、清水沟叶瓣叠覆过渡带区域分布集中
地层扰动	声学图谱无明显层理或稍有层理，与周围土层反射差别明显。反射结构模糊不清，杂乱反射为主，同相轴与相邻地层存在明显沉积间断	地层扰动深度平均 1.8 m，最大 2.7 m。局部区域呈片状分布，集中分布现行河口以北的神仙沟至孤东海域

3.4.1　典型灾害地质类型的空间分布特征

基于浅地层剖面、侧扫声呐等勘探数据的判读解译，摸清灾害地质类型基本特征与空间组合关系，是开展灾害地质类型形成机制的重要技术手段与研究方法（李西双，2002）。黄河三角洲近岸海域的动力沉积环境复杂多样，通过大范围浅地层剖面、侧扫声呐声学图谱数据资料的判读解译与分析，黄河三角洲灾害地质类型形成发育是海底沉积物、水动力、海床冲淤变化及其泥沙供给因素的耦合叠加的结果，不同类型空间组合分异具有一定规律性。黄河三角洲海底浅表层发育凹坑、侵蚀残留体、砂斑、沙波、冲刷槽、埋藏古河道和地层扰动 7 种典型常见灾害地质类型。按赋存位置可分为浅部地层灾害地质类型（埋藏古河道、地层扰动）和海底表层灾害地质类型（凹坑、侵蚀残留体、砂斑、沙波和冲刷槽）（图 3.4-1）。埋藏古河道，以及侵蚀残留体和凹坑（群）等类型，与尾闾废弃改道、泥沙供给变化存在着直接成因联系。从灾害地质类型的组合关系及其影响因素看，不同类型的组合关系及其空间分布具有显著的地域分异规律，地层扰动、砂斑的分布范围分别与粉砂质、砂质沉积物相伴而生、分布范围高度一致，砂斑和地层扰动与粉土分布范围具有显著的相关关系，分别在孤东和飞燕滩海域集中分布。沙波在泥沙供给充足、波流动力条件复杂与海底冲淤变化剧烈的现行河口周围区域分布广泛。

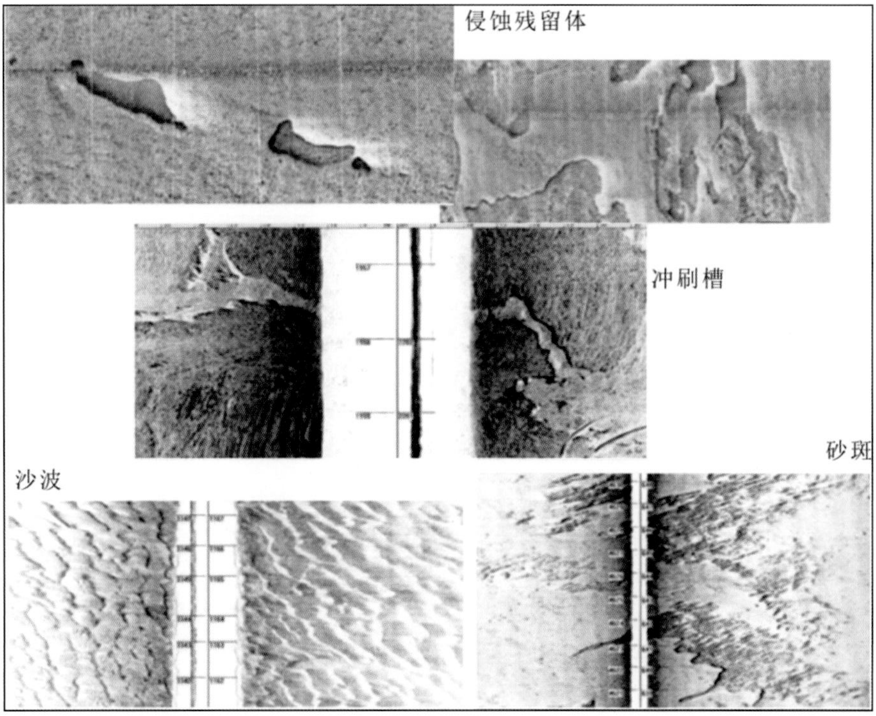

图 3.4-1　侵蚀型灾害地质类型侧扫声呐声学图谱

黄河三角洲区域地貌呈条带状镶嵌分布在三角洲前缘斜坡外缘，包括前缘隆起、水下河道、声学透明层及其平滑三角洲等代表性类型。从声学图谱判读角度来看，黄河三角洲灾害地质类型的规模范围和空间位置具有显著的季节性变化规律，空间分布具有显著的区域分异特征，在神仙沟、清水沟亚三角洲叠覆过渡带区域，以及刁口河亚三角洲叶瓣凹坑、侵蚀残留体和冲刷槽微地貌分布广泛。地层扰动和埋藏古河道类型分别表征海床稳定性以及尾闾改道变迁，强地层扰动、埋藏古河道的密集分布区域，反映海底浅部地层活跃不稳定程度。

基于三角洲动力沉积条件的区域差异，黄河三角洲灾害地质类型在数量、规模范围和成因机制方面的差异，主要由各环境因子间耦合关系，及其区域空间分异决定。一些学者基于不同指标参数，开展了黄河三角洲局部小范围沉积环境分区研究，根据区域水深条件、沉积特征和规模范围指标特征（赵维霞等，2006；周良勇等，2004），进行黄河三角洲沉积分区及其动力机制问题探讨。依据各类型、规模范围及其主要影响因素，将黄河三角洲划分为刁口河亚三角洲叶瓣浪控侵蚀区、神仙沟叶瓣亚三角洲浪流水动力耦合多类型分布区、现行河口河控堆积区、深水区单一类型分布区和埕岛海域潜在类型发育区。

按水深地形、动力条件，结合浅地层剖面解译综合分析，黄河近岸海域水下三角洲划分为三角洲前缘、水下河道、扰动三角洲前缘、声学透明层和平滑三角洲。上述解译所得灾害地质类型在空间分布上具有一定规律性，如位置范围比较稳定，并且长期存在的高扰动三角洲前缘和前缘隆起等，呈条带状镶嵌在三角洲前缘斜坡外缘，而其大小、位置却有年际和年内季节性变化特征。根据研究区灾害地质发育的实际情况，编制了黄河三角洲近岸海域海底浅表层灾害地质图（图 3.4-2），内容主要包括：研究区发育的典型常见的灾害地质类型（海岸侵蚀、凹坑、侵蚀残留体、冲刷槽、砂斑、沙波，以及埋藏古河道和地层扰动）。

灾害地质类型的范围规模、空间分布具有明显的区域分异特征，其中凹坑、侵蚀残留体、砂斑和冲刷槽等类型，集中分布在黄河三角洲东北埕岛海域刁口叶瓣亚三角洲。黄河三角洲中部神仙沟至东营海港外围海域冲刷槽和沙波分布集中。黄河水下三角洲地区地层扰动范围，及其扰动深度是海底稳定性判别的重要指标之一，高扰动及埋藏古河道密集分布区是浅层地质灾害分布区域，埋藏古河道及地层扰动主要分布在海图 7 m 以深的海域海底浅部地层内。砂斑分布较广泛，呈片状分布，但其规模有别。

表 3.4-2　黄河三角洲近岸海域典型灾害地质类型的声学图谱及空间分布特征

序号	赋存部位	灾害类型	表征参数	浅地层剖面或侧扫声呐声学图谱	声学图谱特征及机理	规模及分布特征
1	海底表层	凹坑	深度		水动力局部差异形成凹坑，在波流的共同作用下，凹坑内海底沉积物粒度较粗	凹坑深度平均 1.6 m，最大 2.7 m。较集中分布在飞雁滩和埕岛油田海域。埕岛海域的井场周围往往形成大型凹坑
2		侵蚀残留体	高度		侵蚀残留体在侧扫声呐影像上表现为反射强度较周边海底差异较大，且四周或某侧发育冲刷痕	侵蚀残留体高度平均 0.8 m，最大 1.4 m。较集中分布神仙沟以北海域，以及埕岛油田海域
3		冲刷槽	长度		冲刷槽在侧扫声呐声图上一般呈线形分布，底部为凹形冲刷面。在浅地层剖面声图呈“U”字形或“V”字形，出露于海底的地层多呈水平、斜交或交错层理	冲刷槽长度平均 71 m，最大 122 m。集中分布神仙沟至东营海港之间海域

续表

序号	赋存部位	灾害类型	表征参数	浅地层剖面或侧扫声呐声学图谱	声学图谱特征及机理	规模及分布特征
4	海底表层	砂斑	面积		砂斑是海底沉积物粒度较粗，以砂为主的海底灾害地质类型，在侧扫声呐声图上表现为颜色深灰或浅黑的强反射不规则展布，主要由于海底不均匀冲刷而成	砂斑面积平均 11 000 m²，最大 24 000 m²。分布较广泛，较集中分布东营港至飞雁滩海域，以及埕岛油田海域
5	海底表层	沙波	波长		沙波是潮流和波浪共同作用下塑造的一种灾害地质类型，其轴线方向基本上垂直于潮流主流向，与现代水动力条件相一致	沙波波长平均 3.6 m，最大 4.7 m。较集中分布在孤东近岸海域，以及 7 m 等深线以深海域
6	海底浅部	埋藏古河道	河道宽度		埋藏古河道声学剖面底部为起伏不平的强反射侵蚀界面，呈“U”字形，内部反射多杂乱相，有的则为波状或前积反射，内部充填物有的反射强，有的反射弱，前者多砂砾质充填，后者多泥质充填	埋藏古河道宽度平均 900 m，最大 1 500 m。较集中分布在神仙沟以北至埕岛油田海域，以及7 m以深海域
7	海底浅部	地层扰动	扰动深度		地层剖面以杂乱反射为主，内部无明显层理或稍有层理，与周围土层的声学反射特征有明显的差别。反射结构模糊不清，以杂乱反射为主，同相轴与相邻地层有明显的间断	地层扰动深度平均 1.8 m，最大 2.7 m。成片连续分布，比较集中分布神仙沟至孤东岸段临近海域

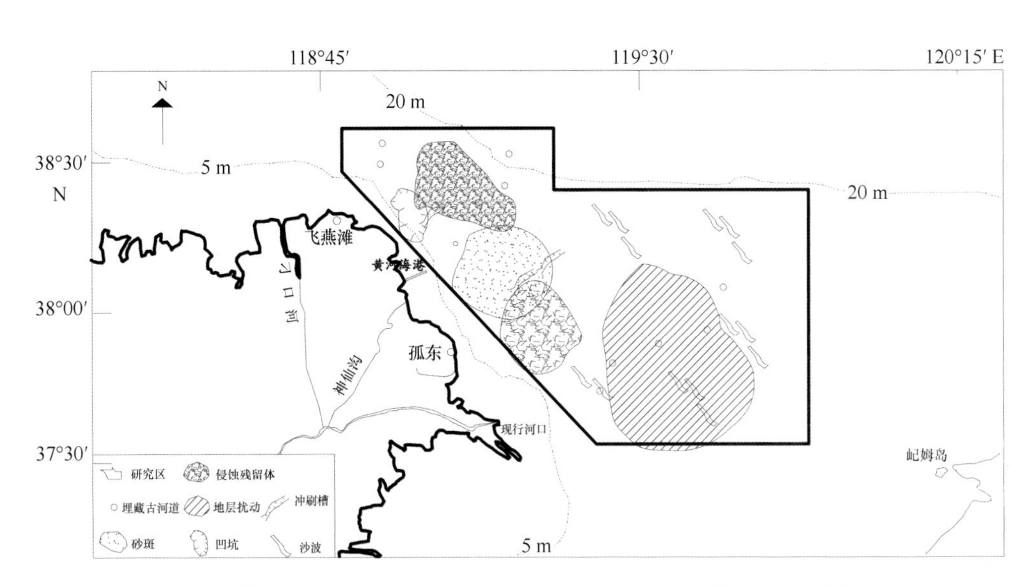

图 3. 4-2　黄河三角洲近岸海底浅表层主要灾害地质类型空间分布

黄河入海泥沙供给变化与三角洲动力条件变化、海床的冲淤特征和底质沉积物区域分布变化等影响因子的耦合叠加，共同决定海底灾害地质类型的空间组合分布，泥沙供给的多寡与水动力条件决定着规模范围，而尾闾故道摆荡与亚三角洲叶瓣叠覆演替影响空间分异及其发育阶段，反映了海床冲淤动态与沉积环境空间差异变化。

3. 4. 2　黄河入海泥沙供给与水动力条件决定灾害地质类型的空间分布格局

黄河入海泥沙、水动力条件分别作为灾害地质类型形成发育的物源及动力条件，决定着灾害地质类型数量（侵蚀型/淤积型）、空间分布与规模范围，不同期次亚三角洲叶瓣沉积体在不同发育阶段的代表性类型与规模范围存在显著的空间分布的差异。图3. 4-3 为 1950—2016 年黄河利津站逐年入海径流量、输沙量过程曲线，反映黄河入海径流泥沙通量显著的年际变化规律，近年呈显著的波动变化、径流泥沙大幅减少或者呈现断流变化。

不同期次亚三角洲叶瓣互相叠覆，现行黄河口亚三角洲与废弃亚三角洲叶瓣沉积体在泥沙供给多寡、侵蚀/淤积过程等不同方面差异巨大，近岸侵蚀的黄河亚三角洲斜坡处于快速不稳定侵蚀冲刷期。黄河尾闾故道改道变迁，黄河入海泥沙供给持续减少甚至出现断流现象，海洋动力条件显著增强，动力条件由河流作用为主转变为海洋动力为主，在黄河三角洲北部废弃改道的刁口河（废弃老河口）亚三角洲叶瓣斜坡，凹坑（群）、砂斑、侵蚀残留体和冲刷槽等侵蚀程度不等的侵蚀型灾害地质类型广泛发育。从黄河入海泥沙扩散运移路径与扩散范围来看，黄河入海泥沙扩散仅集中分布在现行河口及其周围海域，河口泥沙扩散北界在孤东海域的北端。沙波在毗邻现行河口周围区域堆积性微地貌类型分布集中，随着离岸距离的增加，海底灾害地质类型侵蚀类型增多、规模范围增大（邢国攀等，2016；李平等，2005）。

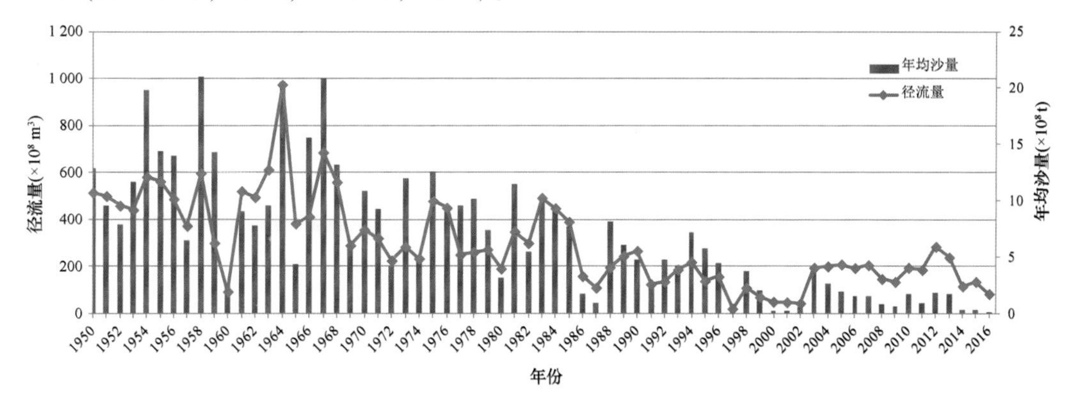

图 3.4-3 黄河入海年输沙量和径流量年际变化过程

现行河口亚三角洲叶瓣前缘潮流、河流动力稳定且不断减弱。将起伏倾斜的水下三角洲前缘发育改造为坡度减缓的水下三角洲斜坡，形成并发育侵蚀残留体、砂斑等灾害地质类型。在现行河口沙嘴外围始终存在弧形高流速带，其外围存在 NE 向弧形潮流剪切锋带，波浪在废弃河口海岸地貌作用较强，现行河口动力条件较弱（董程，2019），随着河口沙嘴不断向海延伸扩展，高流速带向东南移动，范围和流速不断增大。现行河口临近区域 50 km 范围内发育的沙波波长最大 13.4 m，破波带在深海区域海底灾害地质类型及其规模明显减少。在黄河三角洲中部神仙沟亚三角洲叶瓣是余流积聚区和分异转换点，余流场复杂多变、泥沙多源特征，导致在口门外缘形成了小尺度不稳定涡旋。在黄河三角洲神仙沟、清水沟叠覆亚三角洲区域形成类型较多，规模差异大的分布格局（图 3.4-2）。埕岛海域，部分人为活动、工程设施的存在，一定程度上影响导致近岸流场局部改变，有利于冲刷槽、埋藏古河道和侵蚀残留体类型的发育。解译判读统计发现，该不同类型冲刷槽并存，且发育沟长 140 m、沟宽 30 m 大型冲刷槽。

3.4.3 沉积物类型与海床冲淤动态影响局部区域灾害地质类型的变化

灾害地质类型的特征与分布是黄河入海泥沙变异、动力条件共同作用结果，沉积物空间差异决定局部区域微地貌分布态势，地层扰动、砂斑类型分别与粉土、砂沉积物相伴而生，具有一致分布范围。沉积物粒度及其组分差异决定微地貌区域差异，尤其是沉积物工程力学特征对海底不稳定性有决定性影响（林振宏等，1995）。另外，基于侧扫声呐声学图谱判读发现侵蚀残留体等类型的沉积物（砂或砾）比周边海底粗，周围海底主要为细粒粉砂或者黏土质类型。不规则底流作用形成的凹坑群在硬底海底发育广泛，波浪作用影响下沙土的振荡液化与周边沉积物在组分比例方面没有差别，而沉积物物理力学性质与周边区域差异显著。浪流耦合作用下沉积物类型不同，砂斑与冲刷槽、侵蚀残留体、凹坑灾害地质类型相间分布（图3.4-4），侵蚀残留体与周围海底的冲刷槽沉积物土力学性质差异显著，呈不规则、支离破碎状或成片状分布。

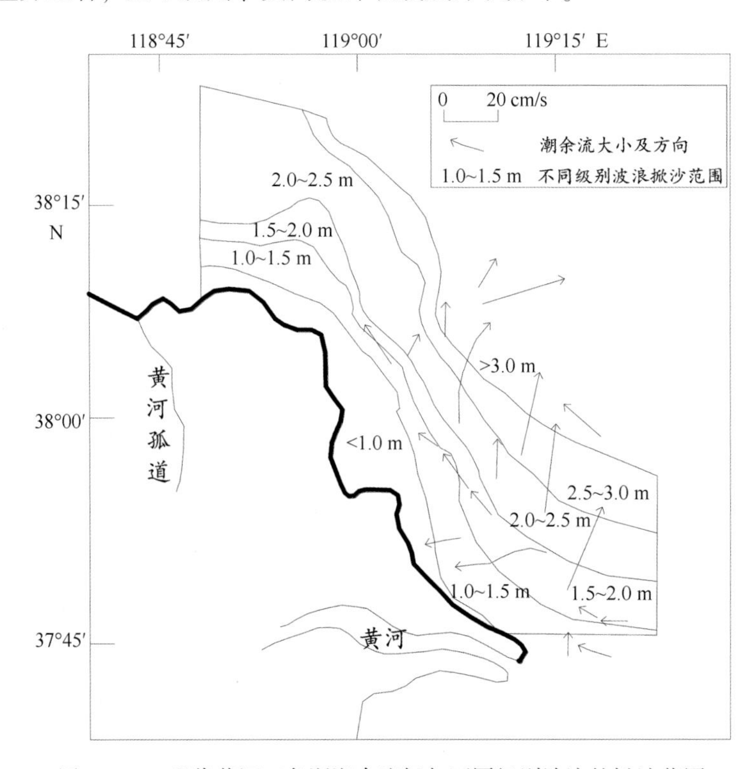

图3.4-4　现代黄河三角洲潮余流场与不同级别波浪的掀沙范围

黄河三角洲近岸海底底质沉积物类型单一、粒径细，沉积物以砂质粉砂、粉砂类型为主，由近岸向海沉积物粒度呈粗—细—粗变化趋势（赵玉玲等，2016；黄学勇等，2019；田动会等，2017），近岸砂组分含量多，随着离岸距离增加，黏土组分比例显著增加（陈小英等，2006；2009）。砂是黄河三角洲粗粒质沉积物类型，大型凹坑和侵蚀残留体主要呈斑块、片状发育，与粗质沉积物海底类型分布区域相吻合。黄河三角洲深水海域动力条件弱，以缓慢堆积变化为主，微地貌类型尚不发育。废弃改道三角洲叶瓣受浪流作用下沉积物往复运动作用改造，沉积物失水压实在局部海底发育宽缓凹坑、冲刷槽和侵蚀残留体等侵蚀微地貌类型。在黄河三角洲离岸9.5 km区域范围为侵蚀的水下三角洲斜坡单元，海底冲刷剧烈，强砂斑、冲刷槽和侵蚀残留体微地貌类型广泛发育。在黄河三角洲离岸11~14 m等深线范围海域为侵蚀-堆积水下三角洲斜坡，海底动力地貌以侵蚀-堆积作用过程为主、海底冲刷不显著，砂斑微地貌类型不发育。

砂质海底水动力强、砂组分含量高的区域，凹坑、冲刷槽和砂斑等侵蚀微地貌类型发育广泛，粉砂或粉砂组分含量高的海底，砂土液化、地层扰动加强。地层扰动与粉砂沉积物分布范围一致，浅地层剖面层序地层显示在表层沉积物之下因地层扰动形成不均匀地层，由于海底不同地层沉积物性质的差异，不同年代亚三角洲沉积体扰动地层扰动程度不同（图3.4-5）。地层扰动在新老河口之间，来自新老河口不同时期的沉积物堆积，在沉积体内部多次切蚀-充填构造发育，表层存在轻微扰动。由扰动体内部向外，土层物质组成和强度存在突变界面，蚀退相地层变薄和缺失。

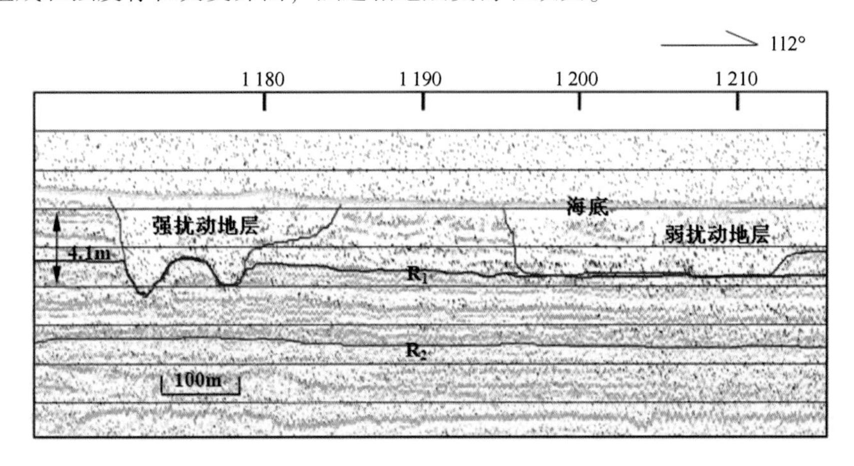

图3.4-5　黄河三角洲埕岛海域不同强度共存的地层扰动微地貌声学图谱

海床冲淤稳定性是微地貌形成和发育的基础，局部区域地形的变化引起水动力条件改变，沉积物的运移趋势发生变化（鹿洪友等，2003；常瑞芳等，2000）。微地貌与海床冲淤关系来看，侵蚀变化幅度大的区域，侵蚀残留体和冲刷槽的规模范围大，而冲淤变化小的海底发育小型凹坑群，或其他规模较小的微地貌类型。地层扰动是评价海底稳定性程度的重要指标，海床冲淤动态影响微地貌的活动性，冲淤变化剧烈的海床易导致海床内部结构的不稳定。海床稳定区域微地貌类型单一，不稳定海床微地貌类型多，具有活动性。砂斑在近岸海域分布集中，破波带以深海域分布少，深水区水动力对海床作用弱。黄河三角洲近岸海床年际冲淤变化表现出明显的斑块状分布特征（图3.4-6），以神仙沟为界，北部以冲刷变化为主，南部以弱侵蚀或淤积变化为主，年冲淤厚度最大2.6 m，平均小于0.7 m。在黄河三角洲北部刁口河亚三角洲叶瓣与南部孤岛大堤北端是海域冲淤转换点，黄河三角洲北部废黄河叶瓣亚三角洲海底主要发生侵蚀变化，冲刷速度大于1.2 m/a，发育的微地貌类型规模大、活动性强。刁口河亚三角洲叶瓣以及临近海域废弃河口作为冲刷中心，冲刷厚度大于1.1 m，黄河三角洲南部的老九井海域为淤积中心，海床冲淤变化复杂剧烈，海洋水动力复杂、微地貌类型多。黄河三角洲南部神仙沟至孤东海域发育的微地貌类型少，地层扰动类型多且活动性显著。

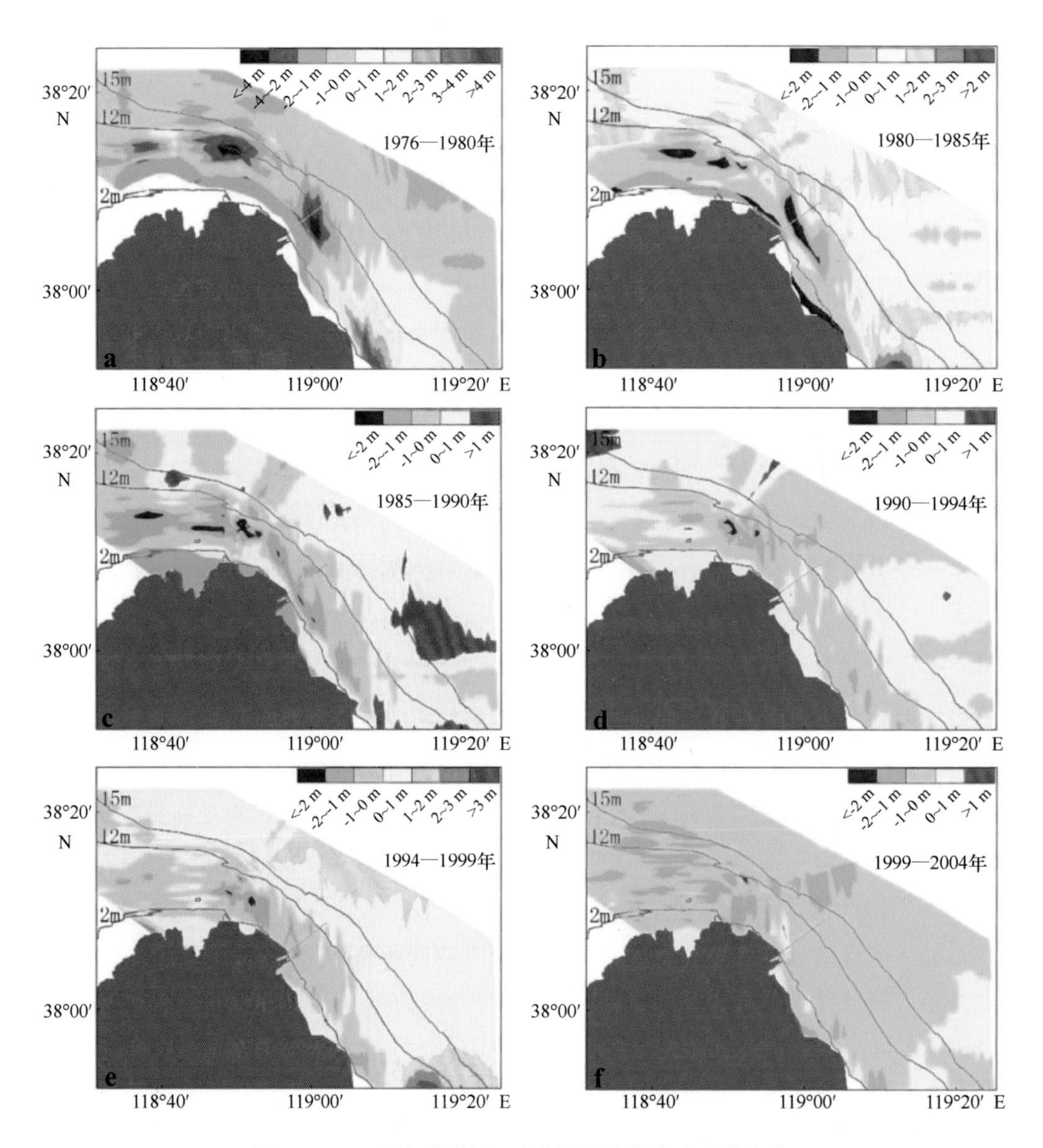

图 3.4-6　不同年代黄河三角洲近岸海域海床冲淤变化

3.4.4　黄河尾闾故道识别及其摆荡变迁与埋藏古河道分布关系

黄河尾闾流路摆动变迁频繁，自 1855 年以来，黄河由铜瓦厢决口夺大清河进入渤海以来，黄河尾闾小的改道 50 余次，较大规模的改道 10 余次，平均 10 年改道 1 次，形成了太平镇、车子沟、刁口河、神仙沟、清水沟和甜水沟等多个河口沙嘴（叶青超，1989），并相互连接成为曲折岸线（图 3.4-7）。1996 年，黄河入海尾闾流路人工改道自清 8 汊道入海，河口出流方向东偏南转为东北向，河口延伸使沙嘴北部浅滩海域形成了一个凹型海湾。边界条件的改变使海洋水动力条件也随之发生变化，原平顺畅通的沿岸潮流受到河口沙嘴、径流顶托等作用，潮流流速、流向均发生较大变化。而新滩南部的清水沟老河口海域，行水期间，河口沙嘴向海迅速凸出，在河口前方形成了一个高流速中心，最大流速达 2 m/s；在 1996 年黄河改道后，清水沟老河口泥沙来源断绝，海洋动力条件增强，由于地形效应向海凸出的沙嘴迅速后退，海岸由强烈堆积状态转变为强烈侵蚀状态。

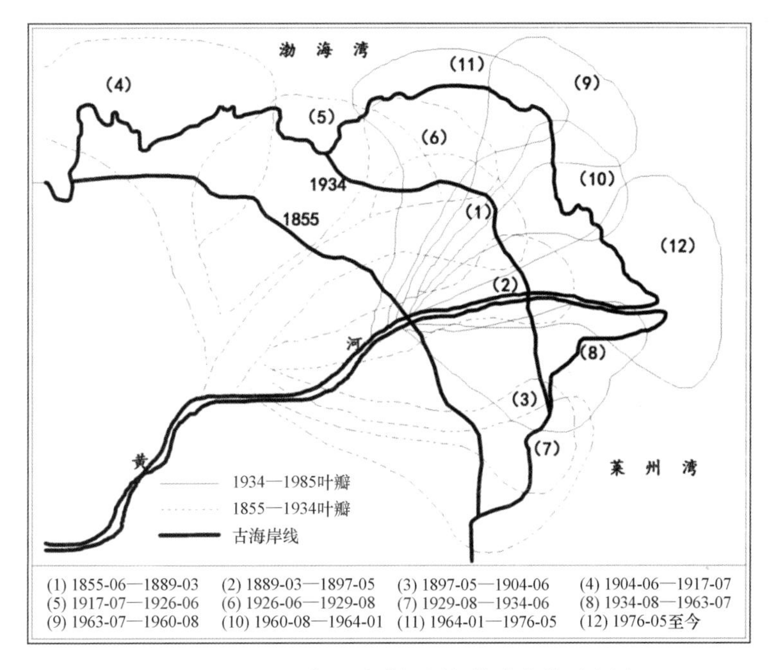

图 3.4-7　1855 年以来黄河尾闾故道变化示意图

影响黄河入海泥沙扩散方向、范围因素很多，如河口沟槽走向、地形地貌特征、潮流及风浪等均为其重要的影响因子。自黄河 1996 年人为由清水沟流路改道走清 8 断面入海后，入海主流路由偏东南向改往偏东，甚至偏东北向，对莱州湾的影响由直接影响变为间接影响，悬浮物在莱州湾无论扩散距离和范围趋于减小。

从黄河泥沙扩散过程来看，一般情况下，黄河径流量非常小，由黄河进入河口区的泥沙通量非常有限，仅沉积在河口区，扩散范围和距离仅限于黄河河口口门。调水调沙开始后，入海水沙通量有一个突增的过程，图 3.4-8 所示为 2005 年黄河调水调沙期间河口主流摆动过程（王厚杰，2005），由图可知调水调沙初期入海主流方向为东南偏东，后入海主流方向转为东南偏南，至调水调沙后期，主流方向往北摆动，主要为偏东方向。随着黄河入海水沙通量的不断减少，调水调沙已成为黄河泥沙入海的主要方式，偏 E 向和 SE 向的入海泥沙扩散方向，在一定程度上限制了黄河泥沙在河口及其附近海域扩散范围和距离，抑制黄河泥沙的进一步扩散。

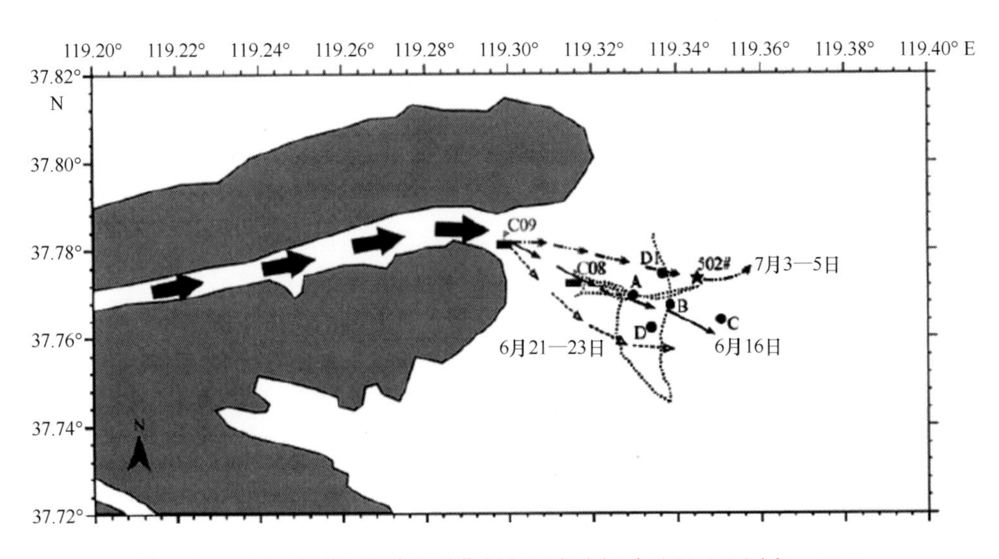

图 3.4-8　2005 年黄河调水调沙期间河口主流摆动过程（王厚杰，2005）

埋藏古河道是尾闾故道变迁与流系演替的直接证据，反映了河流的溯源侵蚀堆积及其摆荡变化。黄河尾闾故道频繁改道变迁，改变了河流泥沙供给数量及其分布格局，同时也改变了海洋与河流动力强度的对比，改道废弃后形成以海洋动力主导、冲刷变化为主的动力沉积环境。黄河改道清水沟流路以来，尾闾故道流路的行水水流中断、入海泥沙量锐减，海洋动力与海岸地貌之间的不平衡、沉积作用减弱，黄河三角洲甜水沟流路的神仙沟分支、神仙沟和岔河流行水流路，发育形成了相互交叉叠置河口三角洲。黄河尾闾改道变迁和入海泥沙通量变化是河口三角洲远端沉积区沉积演化不可忽视的重要因素。1855 年，黄河北迁改道从渤海入海以来，频繁尾闾故道摆荡变迁形成多期次亚三角洲叶瓣互相叠置的复杂堆积体。黄河 1855—1938 年以宁海为顶点的 7 期次尾闾改道形成第一代三角洲，1953—1988 年尾闾故道摆动顶点下移至渔洼，以神仙沟、刁口河、清水沟流路为主形成第二代三角洲，黄河第三代三角洲包括清水沟出汊流路三角洲和刁口河出汊流路三角洲。黄河尾闾故道改道变迁后，新河口沉积物在老河口侧部或两个老河口之间，年轻三角洲前缘粉砂覆盖在老三角洲侧缘黏土质粉砂之上，是黄河三角洲常见的沉积层序（赵广明等，2014；刘丽丽等，2015）。

海底浅部地层赋存在的埋藏古河道，是历史时期河流尾闾改道留下的“印迹”。近年来，高分辨率浅地层剖面仪的广泛应用，使得近岸海域大范围、高精度与高密度浅地层剖面数据的获取更加方便快捷，为发现埋藏古河道，追踪反演历史时期河流尾闾故道的摆动变迁提供了可能性（图 3.4-9）。建立不同埋藏层位的古河道与不同年代黄河尾闾流路之间的“对应”关系，构建近代黄河尾闾流路改道变迁过程模式。以覆盖黄河三角洲近岸海域的 3200 km 浅地层剖面数据为基础，依据浅地层剖面声学图谱的断面形态，以及河流相砂的充填沉积特征，圈定辨识并确认埋藏古河道，圈定量算空间位置、埋藏层

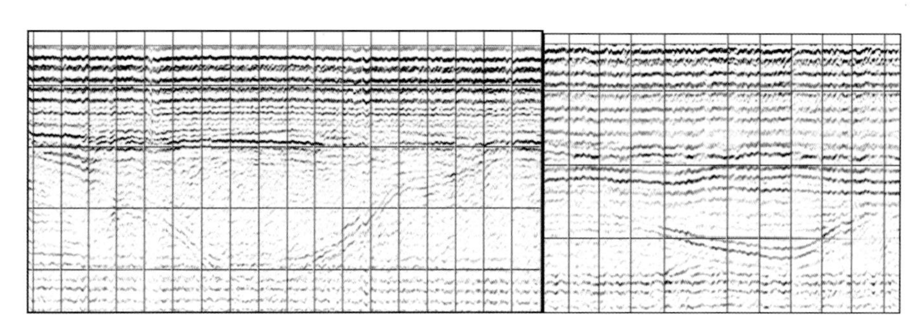

图 3.4-9　埋藏古河道浅地层剖面声学图谱

位及其规模范围，结合地质钻孔及古环境信息判断其形成年代。根据分流河道变迁图、不同年代的地形图和海区水深图，可判断沉积环境，追踪物质来源，判断沉积物是从哪一个分流河道输送来的，该分流河道的活动年代就是该层沉积物的年代（赵广明等，2014）。通过浅地层剖面—浅部地层埋藏古河道—历史时期黄河尾闾流路研究思路，基于浅地层剖面探测数据解译辨识得到黄河三角洲近岸海域历史时期黄河尾闾流路变迁过程，基于浅地层剖面解译判读识别埋藏古河道位置有效点 20 个，据此构建了 3 条不同期次的黄河行水流路，3 条尾闾行水流路为不同年代黄河现时行水河道（李平等，2013；Li Ping et al.，2014）。3 条黄河尾闾流路 NE—E 走向，NE 走向 2 条，E 走向 1 条，为历史时期行水流路。基于浅地层剖面探测的黄河尾闾流路研究结果与现有的黄河尾闾流路变迁过程趋势相一致，基本反映了近代黄河尾闾流路的变迁过程。

参考文献

常瑞芳，陈樟榕，陈卫民，等，2000. 老黄河口水下三角洲前缘底坡不稳定地形的近期演变及控制因素［J］. 青岛海洋大学学报，30（1）：159-164.

陈小英，陈沈良，刘勇胜，2006. 黄河三角洲滨海区沉积物的分异特征与规律［J］. 沉积学报，24（5）：714-721.

陈小英，2009. 陆海相互作用下现代黄河三角洲沉积和冲淤环境研究［D］. 华东师范大学博士学位论文.

董程，战超，石洪源，等，2019. 黄河现行与废弃河口海岸地貌动力作用差异的数值研究［J］. 海洋地质前沿，35（12）：14-24.

黄学勇，高茂生，张戈，等，2019. 莱州湾西部沉积物粒度特征及沉积分区［J］. 海洋通报，38（3）：334-343.

金仙梅，2004. 黄河三角洲滨浅海区晚第四纪沉积地层结构与海洋地质灾害研究［D］. 硕士学位论文，吉林大学.

李平，杜军，2011. 浅地层剖面探测综述［J］. 海洋通报，30（3）：344-350.

李平，丰爱平，陈义中，等，2010. 2005 年黄河调水调沙期间入海泥沙扩散过程［J］. 海洋湖沼通报，

(4)：72-78.
李平，李培英，杜军，2013. 基于浅地层剖面探测的黄河尾闾流路变迁研究初探［J］. 地球物理学进展，28（6）：3293-3298.
李西双，刘保华，郑彦鹏，等，2002. 黄东海灾害地质类型及声学反射特征［J］. 青岛海洋大学学报，32（1）：107-114.
林振宏，杨作升，Bornhold B D，1995. 现代黄河水下三角洲底坡的不稳定性［J］. 海洋地质与第四纪地质，(3)：11-23.
刘丽丽，荆羿，常红娟，等，2015. 黄河三角洲尾闾河道与海岸演变特征［J］. 水利科技与经济，21（9）:1-3.
鹿洪友，李广雪，2003. 黄河三角洲埕岛地区近年海底冲淤规律及水深预测［J］. 长安大学学报（地球科学报），25（1）：57-61.
栾锡武，彭学超，王英民，等，2010. 南海北部陆架海底沙波基本特征及属性［J］. 地质学报，84（2）:233-245.
彭学超，1999. 琼州海峡物探资料解释及灾害因素分析［J］. 热带海洋，18（2）：72-78.
田动会，滕珊，冯秀丽，等，2017. 黄河三角洲埕北海域底质沉积物粒度特征及泥沙输运分析［J］. 海洋学报，39（3）：106-114.
王厚杰，原晓军，王燕，等，2010. 现代黄河三角洲废弃神仙沟-钓口叶瓣的演化及其动力机制［J］. 泥沙研究，(04)：51-60.
王明田，庄振业，葛淑兰，等，2000. 辽东湾中北部浅层埋藏古河道沉积特征及对海上工程的影响［J］. 黄渤海海洋，18（2）：18-24.
邢国攀，宋振杰，张勇，等，2016. 黄河钓口河口行水期泥沙输运过程的三维数值模拟［J］. 海洋地质与第四纪地质，36（5）：21-34.
徐家声，孟毅，等，2006. 晚更新世末期以来黄河口古地理环境的演变［J］. 第四纪研究，26（3）：327-333.
杨作升，Keller G H，陆念祖，等，1990. 现代黄河口水下三角洲海底地貌及不稳定性［J］. 青岛海洋大学学报，20（1）：7-21.
叶青超，1989. 华北平原地貌体系与环境演化趋势［J］. 地理研究，8（3）：10-20.
赵广明，叶青，叶思源，等，2014. 黄河三角洲北部全新世地层及古环境演变［J］. 海洋地质与第四纪地质，34（5）：25-32.
赵维霞，杨作升，冯秀丽，2006. 埕岛海区浅地层地质灾害因素分析［J］. 海洋科学，30（10）：20-24.
赵玉玲，冯秀丽，宋湦，等，2016. 现代黄河三角洲附近海域表层沉积物地球化学分区［J］. 海洋科学，40（9）：98-106.
周良勇，刘健，等，2004. 现代黄河三角洲滨浅海区的灾害地质［J］. 海洋地质与第四纪地质，24（3）:12-45.
Li Ping，Li Pei-Ying，Du Jun，2014. Hazardous geology zoning and influence factors in the near-shore shallow strata and seabed surface of the modern Yellow River Delta，China. Nat Hazards，73：2107-2126.

第 4 章　黄河三角洲近岸海底浅表层灾害地质类型的空间分区

历史上黄河三年两决口、百年一改道，先秦至今 2000 余年，下游决溢 1 500 余次、改道变迁 26 次（杨立建等，2020），覆盖范围北达天津，南抵江淮地区。同时，黄河“水少沙多、水沙关系不协调”，而且尾闾故道频繁摆荡、不同期次亚三角洲叶瓣相互叠覆，形成了黄河三角洲复杂的沉积动力环境。

现代黄河三角洲是由三角洲上部的冲积平原、下部的冲海积平原及其周边潮滩组成的复杂统一陆上-潮滩堆积地貌体系（崔承琦等，1994；杨作升等，1990；陈卫民等，1992）。基于高分辨率多波束测深、侧扫声呐和浅地层剖面仪等勘察手段来获取声学图谱数据，经判读解译发现赋存于海底浅表层的灾害地质类型。其空间组合关系与分布态势间接反映了局部区域的泥沙沉积、动力条件与地貌演变耦合之间的关系。在黄河尾闾故道频繁摆荡与亚三角洲叶瓣叠覆环境下，海床冲淤动态、沉积物分布态势、泥沙供给扩散与水动力条件的叠加耦合，形成时间上动态演进、空间上地域分异的灾害地质类型分布与变化新格局。基于黄河三角洲近岸海域的沉积、动力与地貌关系分析，开展黄河三角洲灾害地质类型的特征、空间分异及其动力机制研究，探讨黄河入海水沙变异、海床冲淤、水动力条件、沉积物类型等主要影响因素对灾害地质类型形成发育影响机制。该研究有助于明确黄河口泥沙沉积与三角洲演变过程趋势之间的关系，为黄河三角洲资源保护与生态修复提供科学依据。

浅地层剖面基于水声学原理连续走航探测浅部地层结构与构造，而侧扫声呐基于回声测深原理探测海底表层形貌特征，两者结合可判识海底浅表层灾害地质的类型、规模范围与空间分布。在突破复杂浅水区数据盲区、不同方向回波同时到达，及粗粒硬质海底声学地层干扰大、分辨率不高等问题基础上，通过大范围全覆盖高分辨率浅地层剖面、侧扫声呐声学图谱反射特征分析，进而判读解译海底浅表层灾害地质类型的与特征。河流系统变化是近海沉积环境演变的重要影响因素（杨立建等，2020），结合动力条件、沉积物分布与海底冲淤变化分析，探讨海底灾害地质类型的空间组合分异及其动力机制，追溯反演区域沉积环境的变化。

4.1 概况

海洋地质灾害作为自然灾害的一个重要类型，在国内外成为一个热门的研究主题，前人的研究多侧重于局部单一地质灾害类型或区域组合特征的研究，大范围或区域性综合性的相关研究开展的较少。海洋灾害地质类型的相关研究已有40余年历史，随着海洋灾害地质调查评价和研究工作的不断深入，国内外学者根据各自研究目的及其对灾害地质的认识程度的差别，根据各自掌握的资料情况，从不同角度提出多种分类方案（William R B et al.，1986；李凡，1990；李凡等，1994；詹文欢等，1996；刘守全等，2000；刘锡清等，2006；李培英等，2007；Li Ping，Li Peiying，2014）。

按照分类原则和依据的差异不同，前人有关灾害地质的分类有不同的分类方法与方案，如：李凡等（1989）则对南海西部主要灾害地质类型进行了系统调查，并根据灾害地质类型的危害对象，及其赋存位置，分为海底表层灾害地质类型和海底浅部灾害地质类型。Carpenter（1980）对大西洋陆架区灾害地质类型进行类型划分，将对海底石油、天然气等工程具有高度潜在性危害性的因素，称为灾害地质类型；另一类是对海洋石油工程产生一定威胁，给海底施工带来一定麻烦的灾害地质因素，如埋藏古河道、载气沉积物、不活动沙丘等。冯志强（1996）引用了上述这种分类方案，列出了南海主要的灾害地质类型。杨子赓（2000）则对冯志强（1996）的分类体系进行了进一步修改与完善，研究认为，尽管灾害地质现象的发生时间、地点均具有一定的偶然性，但总体来说灾害地质类型具有明显的空间分异性。赵维霞等（2006）对黄河三角洲东北部埕岛海区浅地层地质灾害类型，按水深的不同进行分类，并对其成因进行分析。

4.2 灾害地质分区原则

灾害地质的类型的划分主要考虑其成因机理、形态特征和形成发育过程等原则，划分时主要根据成因—形态的差异，而对灾害地质单元进行一致性的划分。近岸海底因不同地区形态特征与空间分布、作用营力的差异、作用性质、物质组成，以及形成发育年代等差异而呈现出显著的区域分异特征，进而形成了一系列具有不同特征的灾害地质区域差异性。

目前，大多数灾害地质的类型划分主要依照灾害地质类型的成因，这也是进行灾害地质研究所采用的基本原则。由于近岸海域辽阔，灾害地质类型多样，但区域性的灾害地质调查和研究工作仍较为薄弱，数据资料尚不足支撑完成详细的灾害地质类型划分。

灾害地质的类型划分遵循科学、实用原则，并有利于海洋地质灾害的监测预报、防治对策的实施。不同灾害地质类型具有不同成灾因素，亦应掌握灾害发生的成因机制，此外应兼顾发生时间，因此灾害地质类型划分应以成因为主，兼顾灾害形成发育机制和赋存位置。灾害地质类型划分主要依据地质体或地质单元性状或特征的相似性程度，从而使定性或主观的分类转变成客观的、定量的分类体系。近海海域海底灾害地质分类通常是根据“形态与成因相结合，内营力与外营力相结合，分类和分级相结合”的原则（李家彪，2008）。各灾害地质类型的赋存位置、主要控制因素，以及成因机理的差异，出现多种灾害地质类型的划分（表 4. 2–1）。

表 4. 2–1　黄河三角洲近岸海底浅表层灾害地质类型划分

赋存部位	类型	表征参数
浅部地层	埋藏古河道	河道宽度
	地层扰动	扰动深度
海底表层	侵蚀残留体	高度
	砂斑	面积
	沙波	波长
	冲刷槽	沟长
	凹坑	深度
物源供应差别	侵蚀型灾害地质类型：凹坑、冲刷槽、侵蚀残留体	
主要控制因素的差异	砂斑主要受底质类型的影响，发育在砂组分丰富海底；地层扰动主要发育在粉土分布区	

黄河三角洲近岸海底浅、表层灾害地质类型的划分方案，基于侧扫声呐和浅地层剖面圈定识别得到的典型灾害地质类型的类型划分。首先根据其存在的位置、特征及危害性，首先划分为海底表层的和浅部地层灾害地质类型，前者主要指存在于海底表面的灾害性地质因素，这种类型的灾害地质类型主要危害海底表面的工程设施；后者指在海底表层以下浅部地层中存在的灾害性地质因素，其危害对象是其基部埋到海底以下地层中的各种建筑物。在上述两大类的基础之上，再根据其对工程设施的危害程度及危害特点进行进一步类型划分，可划分为直接的和潜在的因素。直接的灾害性地质因素系指那些由于本身的存在，不需任何附加条件就会对工程建设产生各种影响破坏；潜在的灾害性地质因素也可称为诱发性灾害地质类型，即在一定的外在条件的诱导下即可对工程设施产生影响的因素，根据上述基本原则，将研究区灾害地质类型进行类型划分。

另外，根据物源供给的差别，将解译所得灾害地质类型划分为侵蚀型灾害地质类型和堆积型灾害地质类型，侵蚀凹坑、侵蚀残留体和冲刷槽等均属于侵蚀型灾害地质类型，由于物源供应不足，主要发育在远离现行河口的废弃河口及其临近海域海底。

另外，根据灾害地质存在的位置，将灾害地质类型划分为海底表层灾害地质类型和海底浅部灾害地质类型，前者如凹坑、侵蚀残留体、冲刷槽和沙斑等，后者如埋藏古河道和地层扰动等。根据各灾害地质类型主控因素的不同，如砂斑主要受海底底质类型的影响，发育在砂组分丰富海底，而地层扰动主要在粉土分布区集中分布，与粉砂沉积物的分布具有一致的趋势。

4.3 灾害地质分区方法

聚类分析（Cluster analysis）是依据分类目标对象在性质上、成因上的疏密关系程度，以某种聚类统计量为分类依据，对客体进行定量分类的一种多元统计分析方法。聚类统计量是衡量样品之间或变量之间相似或相关程度的指标，分 Q 型聚类统计量和 R 型聚类统计量，选用 R 型聚类统计变量，即衡量变量之间的相似程度。通常样本之间存在不同的相似性，甄选最能反映样本之间相似程度的参数作为聚类统计量。将相似程度大的样本聚为一类，相对疏远的聚合到一个大的分类单位，以此类推直至所有样本都聚合完毕，形成一个由小到大的分类系统。

基于上述理论方法，通过覆盖研究区的浅地层剖面和侧扫声呐声学图谱的解译，圈定识别灾害地质类型，量算各灾害地质规模范围，计算表征参数的大小，绘制研究区海底浅表层灾害地质图。以研究区各网格空间位置及其灾害地质分区系数作为样本和变量，构建 X_{np} 数据矩阵，计算样本之间的距离系数进行聚类分析。假定有 n 个样本，每个样本具有 p 项变量，以 x_{ij} 表示第 i 个样本的第 j 项指标，则 n 个样本 p 个变量的值 x_{ij}（$i=1, 2, \cdots, n$；$j=1, 2, \cdots, p$）构成一个 X_{np} 的数据矩阵：

$$X=\begin{bmatrix} x_{11} & x_{12} & \cdots & x_{1j} & \cdots & x_{1p} \\ x_{21} & x_{22} & \cdots & x_{2j} & \cdots & x_{2p} \\ \cdots & \cdots & \cdots & \cdots & \cdots & \cdots \\ x_{i1} & x_{i2} & \cdots & x_{ij} & \cdots & x_{ip} \\ \cdots & \cdots & \cdots & \cdots & \cdots & \cdots \\ x_{n1} & x_{n2} & \cdots & x_{nj} & \cdots & x_{np} \end{bmatrix},$$

把样本看成 p 维空间向量，第 i 个样本向量 $[x_{i1}, x_{i2}, \cdots, x_{ip}]$ 与第 j 个样本向量 $[x_{j1}, x_{j2}, \cdots, x_{jp}]$ 之间的欧氏距离为

$$d_{ij}=\sqrt{\sum_{k=1}^{p}(x_{ik}-x_{jk})^2}。$$

$$n\text{个样本之间距离系数}\ D = [d_{ij}]_{n\times m} = \begin{bmatrix} d_{11} & d_{12} & \cdots & d_{1j} & \cdots & d_{1n} \\ d_{21} & d_{22} & \cdots & d_{2j} & \cdots & d_{2n} \\ \cdots & \cdots & \cdots & \cdots & \cdots & \cdots \\ d_{i1} & d_{i2} & \cdots & d_{ij} & \cdots & d_{in} \\ \cdots & \cdots & \cdots & \cdots & \cdots & \cdots \\ d_{n1} & d_{n2} & \cdots & d_{nj} & \cdots & d_{nn} \end{bmatrix},$$

其中（$i, j=1, 2, 3, \cdots, n$）。显然，这是一个 n 阶对称矩阵，且 $d_{11}=d_{22}=\cdots=d_{nn}=0$，$d_{ij}$值越小，表示两样本的相似程度越大。

基于上述理论方法与聚类分析过程，通过覆盖研究区的浅地层剖面和侧扫声呐声学图谱的解译圈定共识别 7 种灾害地质类型，量算各灾害地质类型表征参数的大小，绘制研究区浅表层灾害地质类型图。对黄河三角洲近岸海域进行 500 m×500 m 网格划分，逐个量算研究区网格内以 8 项分类指标表征的灾害规模，即单位网格灾害地质类型数、单位网格埋藏古河道平均河道宽度、单位网格沙斑平均面积、单位网格侵蚀残留体平均埋藏高度、单位网格地层扰动平均扰动深度、单位网格冲刷槽平均长度和单位网格沙波平均波长，对上述指标进行无量纲转换、算术求和，即为灾害地质分区系数。以各网格及其灾害地质分区系数作为样本和变量，构建 X_{np} 数据矩阵，计算样本之间的距离系数进行聚类分析。

4.4　灾害地质分区结果分析

浅地层剖面和侧扫声呐探测等地球物理方法是识别海洋灾害地质类型的主要手段（李西双，2002）。对于现代黄河三角洲近岸 4500 km^2 区域开展的海洋调查项目所得的 3200 km浅地层剖面和侧扫声呐资料进行圈定解译，研究区共识别圈定出 7 种普遍发育的典型的海洋灾害地质类型，按赋存位置分为海底浅部地层灾害地质，包括埋藏古河道和地层扰动两种类型，以及海底表层灾害地质类型，包括凹坑、侵蚀残留体、砂斑、沙波和冲刷槽五种类型。根据每种灾害地质类型的特征，确定一项最能反映灾害地质特征的参数来表征灾害地质特征和规模。凹坑、砂斑、冲刷槽和侵蚀残留体较集中分布在研究区北部埕岛海域废弃黄河亚三角洲飞雁滩沿岸海域；冲刷槽和沙波较集中分布在神仙沟至东营海港外围海域；埋藏古河道和地层扰动较集中分布海图 7 m 以深的海域海底；砂斑则分布较广泛，呈片状分布的特征，但规模有别。可见灾害地质类型的规模、分布具有明显的区域分异特征。

基于黄河三角洲近岸海域约 3200 km 的浅地层剖面和侧扫声呐数据资料，利用聚类分析法，在网格化的基础上，依据灾害地质类型、灾害等级和成因，将研究区划分为 5

个灾害地质区，即钓口叶瓣浪控严重侵蚀灾害区、神仙沟叶瓣浪流共同作用多灾种灾害地质区、现行河口河控堆积型灾害地质区、深水区单灾种灾害地质区和埕岛海域潜在灾害地质区（图4.4-1）。上述灾害地质分区界线明确合理，其中Ⅰ、Ⅱ、Ⅲ和Ⅳ、Ⅴ浅水和深水之间的界限走向平行岸线，界限以7 m（海图水深）等深线为界，而垂直岸线方向的界线则大致分别在黄河海港以北和孤东大堤南部。上述5个灾害地质区因灾害地质环境条件的差异各灾害地质分区各具特征（表4.4-1），反映了影响因子耦合特征的区域分异。

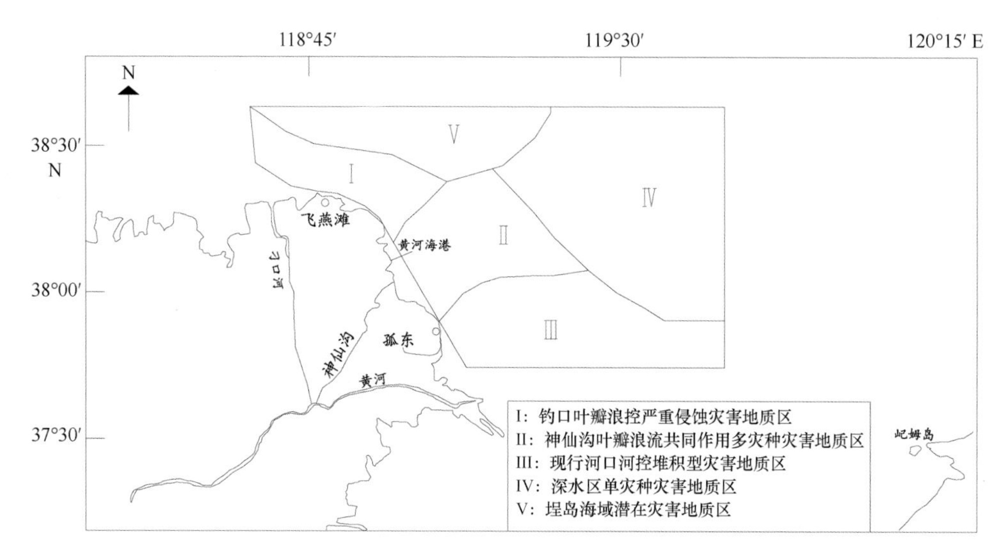

图4.4-1　黄河三角洲近岸灾害地质分区结果

一些学者依据不同的标准对黄河三角洲及其局部小范围地质灾害开展分类研究，如赵维霞等（2006）根据水深情况，陈卫民等（1995）根据形态特征和规模差异，将黄河水下底坡灾害地质划分不同类型并对其成因进行探讨。利用聚类分析法，对于黄河三角洲近岸海域在网格化的基础上，依据灾害地质类型、灾害地质规模和成因，将研究区划分为5个灾害地质区，即钓口叶瓣浪控严重侵蚀灾害区、神仙沟叶瓣浪流共同作用多灾种灾害地质区、现行河口河控堆积型灾害地质区、深水区单灾种灾害地质区和埕岛海域潜在灾害地质区。上述灾害地质分区界线明确，其中浅水区Ⅰ区、Ⅱ区、Ⅲ区和深水区Ⅳ区、Ⅴ区之间的界限走向平行岸线，大致以7 m（海图水深）等深线为界，而垂直岸线方向的界线分别在神仙沟和孤东。上述5个灾害地质区在灾害地质类型数量、灾害规模和成因机理方面，因灾害环境条件的差异各灾害地质分区各具特征（表4.4-1），反映了灾害地质环境因子耦合的区域分异。

表 4.4-1　黄河三角洲近岸各灾害地质分区基本特征

分区编号	灾害地质分区	各灾害地质分区特征
Ⅰ	钓口叶瓣浪控严重侵蚀灾害区	波浪作用强劲，沙源匮乏，侵蚀类灾害地质类型为主，包括凹坑、冲刷槽和侵蚀残留体等
Ⅱ	神仙沟叶瓣河浪流共同作用多灾种灾害地质区	位处研究区中部神仙沟叶瓣近岸浅水区神仙沟至孤东近岸，波浪潮流水动力共同作用，灾害地质类型多样，侵蚀性和堆积性灾害地质类型共存
Ⅲ	现行河口河控堆积型灾害地质区	位处现行河口及其附近区域，沙源丰富，以沙波和地层扰动灾害地质类型为主
Ⅳ	深水区单灾种灾害地质区	位于闭合水深以深区域，灾害规模小，类型单一，主要发育沙波和地层扰动两种类型，具活动性
Ⅴ	埕岛海域潜在灾害地质区	灾害类型多样，7 种典型灾害地质类型均有发育，对海洋油气工程设施具有潜在威胁

将黄河三角洲近岸海域划分为 5 个灾害地质区，是基于浅地层剖面和侧扫声呐探测数据资料，利用聚类分析方法结果，在现代黄河三角洲近岸海域灾害地质分区研究方法上是一新的尝试。对这种分区的合理性从 4 个灾害地质主要影响因素，即：海床稳定性、黄河入海泥沙变化及其扩散、底质沉积物特征和海洋水动力进行分析。

灾害地质类型形成与发育的 4 个主要影响因素各自在空间分布上具有分异性，另外其相互耦合作用也具有空间上的差异性，结果表明，上述分区结果合理可靠，基本反映了黄河三角洲灾害地质分区的区域差异性。

从泥沙供应及沙源的角度分析，泥沙供应充足，通常发育堆积型灾害地质类型，而远离河口区域泥沙供应不足，侵蚀类灾害地质类型比较发育。不论从入海泥沙扩散运移路径还是泥沙扩散范围来看，黄河入海泥沙仅集中分布在河口及其临近海域，以泥沙扩散所及的孤东大堤北端为界，灾害地质类型和规模有较大差异，其范围正好为Ⅱ区和Ⅲ区的界线。毗邻现行河口地区堆积性灾害地质类型发育，随着离岸距离的增加，侵蚀性灾害类型增多、规模增大，如：现行河口临近区域 50 km 范围内发育的沙波，波长最大 13.4 m，而大致 7 m 等深线以深区域灾害地质类型明显减少，规模小。神仙沟地区成为余流的积聚区和分异转换点，余流场复杂多变造成行水期口门外形成了许多中小尺度的不稳定涡旋，造成泥沙来源不规律，由此造成研究区中部沿岸灾害地质类型多，规模差异大。在埕岛油田海域由于大量海洋工程设施的出现导致近岸流场局部改变，冲刷槽、埋藏古河道和侵蚀残留体等类型共存发育，发育沟长超过 140 m，沟宽 30 m 的大型冲刷槽。研究区北部黄河三角洲钓口叶瓣和南部孤岛大堤北部两个海床冲淤变化转换点，正好与Ⅰ区、Ⅱ区，以及Ⅱ区、Ⅲ区界线吻合。研究区南部Ⅲ区神仙沟至孤东海域发育的灾害地质类型少，以地层扰动灾害居多，具有一定活动性的。从灾害地质类型分布来看：底质类型为砂质的海底，一般大型凹坑和侵蚀残留体局部呈片状发育，与较粗的物质类型分布区域吻合。另外，从浅地层剖面解译结果上来看，局部地层扰动灾害发育，其分布区域的底质沉积物类型主要是粉砂或粉砂类沉积物。

参考文献

陈卫民，杨作升，Prior D B，等，1992. 黄河口水下底坡微地貌及其成因探讨［J］. 青岛海洋大学学报，22（1）：71-81.

崔承琦，印萍，1994. 黄河三角洲潮滩发育时空谱系［J］. 青岛海洋大学学报，42（1）：78-89.

冯志强，等，1996. 南海北部地质灾害及海底工程地质条件［M］. 南京：河海大学出版社.

李凡，1990. 南海西部灾害性地质研究［J］. 海洋科学集刊，31：25-29.

李家彪，等，1998. 东海区域地质［M］. 北京：海洋出版社.

李培英，杜军，刘乐军，等，2007. 中国海岸带灾害地质特征及评价［M］. 北京：海洋出版社.

李西双，刘保华，郑彦鹏，2002. 黄东海灾害地质类型及声学反射特征［J］. 青岛海洋大学学报，32（1）:107-114.

刘守全，刘锡清，王圣洁，等，2002. 编制 1：200 万南海灾害地质图的若干问题. 中国地质灾害与防治学报，3-30：19-22.

刘锡清，1996. 中国边缘海的沉积物分区［J］. 海洋地质与第四纪地质，16（3）：1-11.

杨立建，马小川，贾建军，等，2020. 近百年来黄河改道及输沙量变化对山东半岛泥质楔沉积物粒度特征的影响［J］. 海洋学报，42（1）：78 - 89.

杨作升，Keller G H，陆念祖，等，1990. 现行黄河口水下三角洲海底地貌及不稳定性［J］. 青岛海洋大学学报，20（1）：7-21.

赵维霞，杨作升，冯秀丽，2006. 埕岛海区浅地层地质灾害因素分析［J］. 海洋科学，30（10）：20-24.

Carpenter G. B. , and Mecarthy J. C, 1980. Hazards analysis on the Atlantic outer continenental shelf. 12th Annual O. T. C, Proceedings, 419-424.

Li Ping, Li Pei-Ying, Du Jun, 2014. Hazardous geology zoning and influence factors in the near-shore shallow strata and seabed surface of the modern Yellow River Delta, China. Nat Hazards, 73: 2107-2126.

第 5 章　黄河三角洲灾害地质类型空间分区合理性探讨

5.1　概述

现代黄河三角洲是 1855 年黄河在兰考东坝头决口夺大清河后的 160 余年间，尾闾故道改道变迁频繁，不同年代期次的分流河道亚三角洲叶瓣叠覆形成的复杂堆积地貌体（崔承琦，1994），是由黄河决口泛滥形成的岗、坡、洼地貌组合形成（图 5.1-1）。

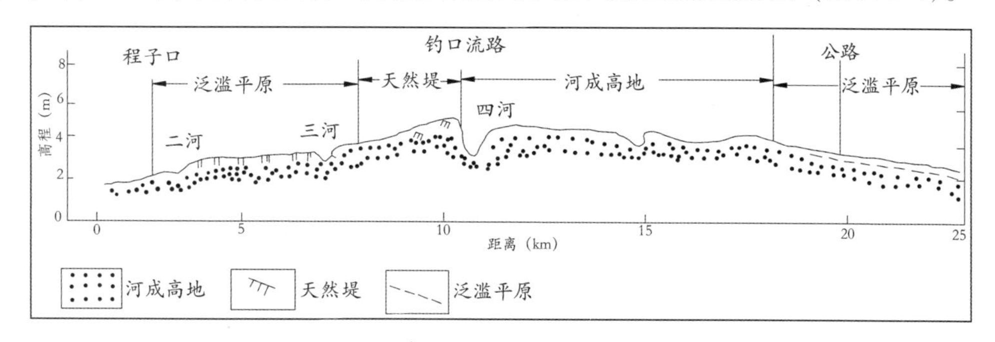

图 5.1-1　黄河刁口河尾闾故道流路地貌类型剖面

黄河陆上三角洲地貌以三角洲冲积平原、前三角洲冲海积平原及其周围潮滩区域地貌类型为主，水下三角洲地貌包括水下岸坡和陆架堆积平原，水下岸坡分为侵蚀水下三角洲斜坡、侵蚀-堆积水下三角洲斜坡等类型。黄河三角洲滨海地貌包括水下浅滩、水下岸坡、水下三角洲、潮流三角洲、海底沙波和潮流沙脊等类型，内陆架包括水下阶地、古海岸线、古河道和坑洼群等地貌类型，外陆架包括陆架平原、古浅滩、古三角洲、浅槽、沙波、沙丘、埋藏古河道和海底滑坡等残留地貌（图 5.1-2）。受海洋动力持续侵蚀、堆积改造，地貌类型按浅海—前三角洲—三角洲前缘—河口沙坝—河成高地—海蚀崖滩脊的序次演替，倾斜起伏的水下三角洲前缘演变为坡度平缓的水下三角洲斜坡（中国海湾志，1998）。

黄河三角洲近岸海域海底存在多种灾害地质类型，如：地层扰动、水下斜坡、海底冲刷，以及黄河三角洲地面的整体沉降。海底冲刷导致海底刺穿的发生，加之黄河泥沙

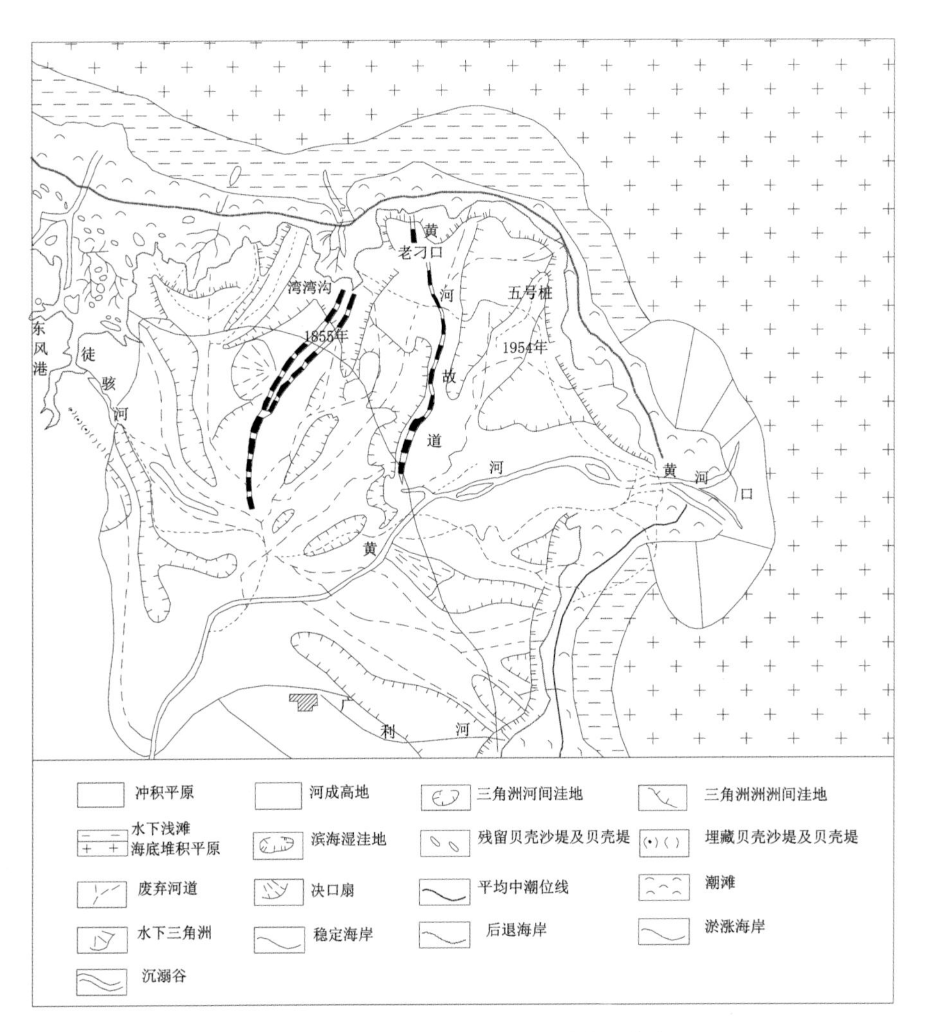

图 5.1-2　现代黄河三角洲地貌类型分布

具有极易液化的特性，使活动和废弃的水下三角洲斜坡存在大量的滑坡体（李广雪等，1999，2000；杨作升等，1990）。而对于大量灾害地质类型形成发育的影响因素的分析，可进一步总结灾害地质类型形成发育的过程、特征，及其变化趋势。

黄河三角洲近岸海底典型灾害地质形成发育区域分异是各影响因子的空间分异及其耦合作用的结果，其主要影响因素包括：黄河入海水沙通量变化及其扩散运移，海岸及近岸海底海床稳定性、海底表层沉积物类型及分布，以及近岸海洋水动力特征。对于黄河三角洲近岸海域而言，广泛存在和发育的灾害地质类型区域差异的原因主要在于，黄河河流来水来沙的持续减少进而导致沙源的短缺，海岸海床稳定性的变化，以及不断突出的人为活动的影响（图 5.1-3）。流域人类活动引起的黄河入海水沙通量减少是灾害地质类型形成发育的主要原因；海面上升亦将显示愈来愈重要的作用，人为作用为主。黄河三角洲及其临近海域，由于黄河入海水沙通量急剧减少及其尾闾流路快速摆动引起海床稳定性、沉积物类型，以及波流海洋水动力条件的不均匀分布，泥沙来源多寡及其扩散运移、底质沉积物和海洋水动力特征，使得黄河三角洲近岸海域海底呈现特征各异的灾害地质类型。

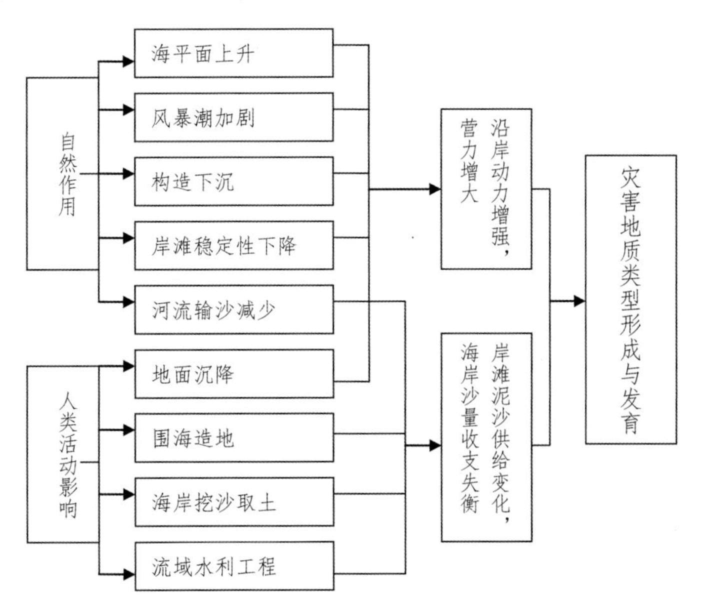

图 5.1-3　海岸带灾害地质类型形成发育的主要影响因素

结合数据资料的分析，及其与灾害地质类型形成和发育之间的作用过程与机制，探讨影响近岸海域灾害地质类型形成与发育的各主要影响因素，并结合灾害地质影响因素的区域分异性，探讨灾害地质形成发育的主要影响因素及其影响作用过程。

5.2　黄河入海水沙通量及其扩散运移

5.2.1　黄河入海水沙通量变化过程

黄河入海水沙通量呈现年际变化、季节性变化特征和短期变化特征。1950—2007 年，黄河下游利津水文站入海水沙通量呈现明显减少的趋势，多年平均径流量为 316×10^8 m^3，多年平均输沙量为 7.68×10^8 t。根据黄河干流龙羊峡、刘家峡、三门峡和小浪底 4 座主要水库的建设时间，把黄河入海水沙通量的变化过程分为 5 阶段：1950—1959 年、1960—1968 年、1969—1985 年、1985—1999 年和 2000—2007 年。不同阶段年均入海水量分别为 480.5×10^8 m^3，524.9×10^8 m^3，327.0×10^8 m^3，156.9×10^8 m^{3}和 133.3×10^8 m^3；年均入海沙量分别为 13.19×10^8 t，11.44×10^8 t，8.40×10^8 t，4.14×10^8 t 和 1.56×10^8 t。1950—1959 年为流域水沙的“天然期”，后不同阶段入海水沙通量减少量明显，尤其是入海泥沙的减少量，1999—2007年年均入海水量为“天然期”的27.7%，而年均入海沙量仅为“天然期”的11.8%（李平等，2010）。

为开展黄河治理工作，黄河水利委员会实施调水调沙试验工程。调水调沙是在科学调节多个水库水沙相互合理对接的基础上，在小浪底水库形成短期人造洪水，实现冲刷下游河道、修复下游生态环境和减少水库淤积等多重效应。2002年，首次实施调水调沙试验以来，迄今已实施近20次，小浪底水库首次正式实施调水调沙，标志着黄河调水调沙作为黄河治理开发与管理的常规措施，正式转入生产运用阶段。此次调水调沙试验冲刷了下游河道，改善了下游“瓶颈”河段、提高了主槽过洪能力等。同时，不仅将6640×10^4 t泥沙输送入海，同时还找到了黄河下游泥沙不再淤积的临界流量和临界时间。

以2005年黄河第4次调水调沙试验为例，阐述黄河入海泥沙调水调沙前后的短期变化特征，2005年调水调沙试验于6月16日正式启动，2005年7月1日5时，小浪底水库下泄流量骤减至570 m^3/s，转入汛期正常调度，2005年黄河调水调沙水库调度阶段结束。以黄河利津水文站2005年逐日实测水沙资料为依据，图5.2-1为2005年黄河入海水沙通量变化过程，图5.2-1表明，黄河调水调沙前利津水文站日径流量平均值约186.48 m^3/s，日输沙率平均值小于0.25 t/s。调水调沙期间最大流量2790 m^3/s，出现时间为2005年7月11日，同日日输沙率为44 t/s，翌日日输沙率达最大值98.5 t/s。此次调水调沙试验的运行，利津站日径流量和输沙率平均值分别为1980.97 m^3/s和33.37 t/s，2005年全年两者平均值分别为656.74 m^3/s和6.03 t/s，此次调水调沙期间利津站日径流量和日输沙率为2005年全年均值的近3倍和5倍（李平等，2010）。

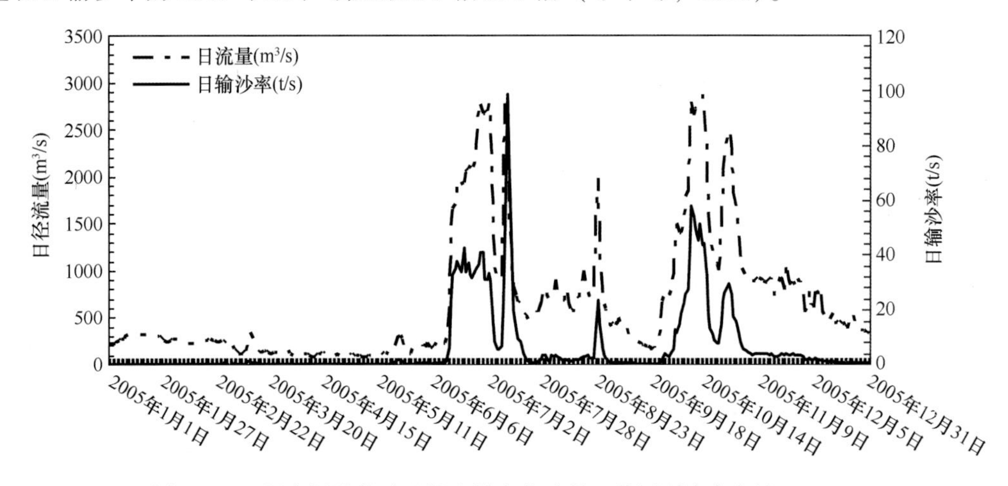

图5.2-1　调水调沙前后日径流量变化过程（黄河利津水文站，2005）

2005年调水调沙期间水沙通量变化过程可见，调水调沙开始后利津站日径流量和日输沙率由6月14日的671 m^3/s和5.97 t/s突增至6月15日的1479 m^3/s和22.6 t/s，高水沙通量持续至7月14日的816 m^3/s和19.6 t/s，输沙率具有明显的滞后效应，继续保持高值后逐步恢复到调水调沙前的水平。调水调沙前、调水调沙期间及调水调沙后，黄河入海水沙通量呈现明显的低-高-低的变化过程，这种特点对黄河入海泥沙扩散有着明显的影响，有助于形成集中输沙，聚沙外输的优势（王栋等，2006）。

1998 年，当年黄河入海沙量为 2.78×10^{8} t，入海年水量为 76.7×10^{8} m^{3}时，黄河三角洲造陆过程处于临界平衡状态（许炯心，2002）。由于 1998 年以后黄河入海水沙明显减少，这必然打破河流来沙量和海洋水动力之间的动态平衡，使得海洋动力相对增强，导致海岸蚀退。1997—1998 年所有监测剖面快速淤积，而 1998—1999 年大面蚀退，充分说明了这一点。之后的几年虽然来沙量仍持续减少，但蚀退程度有所减小，由于海岸经历了严重的蚀退之后，剖面形态发生调整，河口及其附近海域边界条件也发生了显著变化，减弱了流场的局部作用。

5.2.2　黄河入海水沙通量扩散运移特征

（1）基于遥感解译分析的黄河入海泥沙扩散运移特征

黄河入海泥沙除部分粒径小于 0.015 mm 的极细颗粒扩散到外海，大部分粒径 0.125~0.025 mm 的极细砂和粗粉砂粒级，大部分沉积在三角洲前缘，以河口砂坝、砂嘴形式造陆，使岸线向前推进（樊德华，2009）。悬沙变化受泥沙通量、地形地貌、潮流和风控制。黄河入海泥沙扩散范围的大小，含沙量空间分布特征，并受上述各因子的影响，具有明显的时空差异。

在不考虑风作用的前提下，在一般天气条件下，由于黄河入海水沙通量均较低，河口区悬沙浓度较低，形成低含沙量分布带。调水调沙试验开始后，黄河入海水沙较正常情况下突增近 10 倍，巨量的水沙冲出河口后，由于地形、射流效应，黄河水沙出河口后主要往东和东南方向扩散。另外，入海泥沙集中分布在河口和近岸带，其扩散的范围有限。由此表明，黄河入海水沙通量是影响河口及其邻近海域悬浮泥沙分布的一个重要因素，但其扩散范围非常有限，这一结果与黄河调水调沙入海泥沙扩散数值模拟的结果相一致。

黄河入海泥沙除大部分沉积在河口区外，小部分在风的作用下由河口向邻近海域逐步扩散，其扩散运移方向主要往偏东向。风是影响含沙量分布重要因素，风作为泥沙扩散运移的驱动力之一，成为泥沙扩散运动方向和大小的重要决定性因子。黄河口常风向多为偏东南向，因此成为黄河入海泥沙向莱州湾扩散的障碍，缩小了泥沙由河口向莱州湾扩散的距离和范围。当风偏北时，河口泥沙扩散明显要比其他风向扩散的远，同时波浪掀沙、潮流输沙导致了近岸水域的含沙量相对于其他风向偏高。莱州湾大风作用，悬浮泥沙平面分布及变化是在风作用下，不仅河口泥沙迅速向莱州湾扩散，还能导致海底泥沙再悬浮。

总体而言，不论从入海泥沙扩散运移路径还是泥沙扩散范围来看，在不考虑风作用情况下，黄河入海泥沙仅集中沉积在河口及其周围海域。风作为悬沙扩散的重要驱动力，对悬浮泥沙的扩散方向和距离均是重要影响因子。在偏 N 方向风作业时期，黄河入海泥沙可到达莱州湾北部，但最大也仅及莱州湾中部水域，在偏 S 方向风的作用下，风成为悬浮泥沙南扩的一个障碍因素，大大缩小了黄河泥沙往莱州湾扩散的距离和范围。

（2）基于数值模拟的黄河入海泥沙的扩散运移

黄河调水调沙是在充分考虑黄河下游河道输沙能力的前提下，利用水库的调节库容，对水沙进行有效的调节控制，适时蓄存或泄放，调整天然水沙过程，使不适应的水沙过程尽可能协调，以便于输送泥沙，从而减轻下游河道淤积，甚至达到冲刷或不淤的效果，实现下游河床不抬高的目标。2002—2004 年期间共进行了 3 次调水调沙试验工作。第一次 2002 年 7 月 4 日开始，历时 11 天，利津站入海水量 23.2×10^8 m^3，沙量 0.504×10^8 t；第二次 2003 年 9 月 6 日开始，历时 12.4 天，利津站入海水量 27.68×10^8 m^3，沙量 1.151×10^8 t；第三次 2004 年 6 月 19 日开始，累计历时 26 天，利津站入海水量 47.3×10^8 m^3，沙量 0.607×10^8 t。2005 年黄河调水调沙的启动，标志着调水调沙已经由试验阶段正式转入生产应用阶段。黄河泥沙入海及其运移扩散是调水调沙过程的重要组成部分，迄今为止，对调水调沙期间入海泥沙扩散的研究相对较少（王开荣等，2005；李广雪等，1999）。

入海泥沙数值模拟分析对比黄河调水调沙前后，黄河口泥沙扩散变化范围。数值模型采用的海岸海洋模式 ECOM-si 是在 POM 基础上发展起来（Blumberg and Mellor, 1987）的三维河口海洋模式，并利用实测站位（38°13.901′N，118°48.699′E）2005 年 12 月 24 日 12 时至 25 日 13 时的实测资料对模型进行率定验证，从实测的表层和底层流速流向资料与模拟结果对比可知，水动力模型能够较准确地模拟出黄河沿岸海域的水动力变化特征，可以为泥沙扩散模拟提供较为准确的水动力条件，见图 5.2-2。

1）调水调沙开始前入海泥沙扩散

2005 年，黄河第 4 次调水调沙于 6 月 16 日正式开始，根据悬浮泥沙扩散数值模拟结果发现（见图 5.2-3 和图 5.2-4），黄河调水调沙实验开始前，由于黄河入海径流量及悬沙浓度均较低，冲出黄河口的泥沙扩散范围很小，0.001 mg/L 等浓度线的悬沙范围只能到达黄河东北出口，其扩散范围非常有限（李平等，2010）。同时发现黄河调水调沙前，悬浮泥沙的表层和底层浓度及扩散范围无明显差异、具有一致性，表明河口区由于水深较浅，且由于外应力作用，表层和底层之间悬浮泥沙交换强烈，即紊流作用强，垂直混合均匀。

2）调水调沙期间入海泥沙扩散

2005 年 6 月 27 日，黄河调水调沙试验的第 12 天，利津站日均径流量和输沙率分别

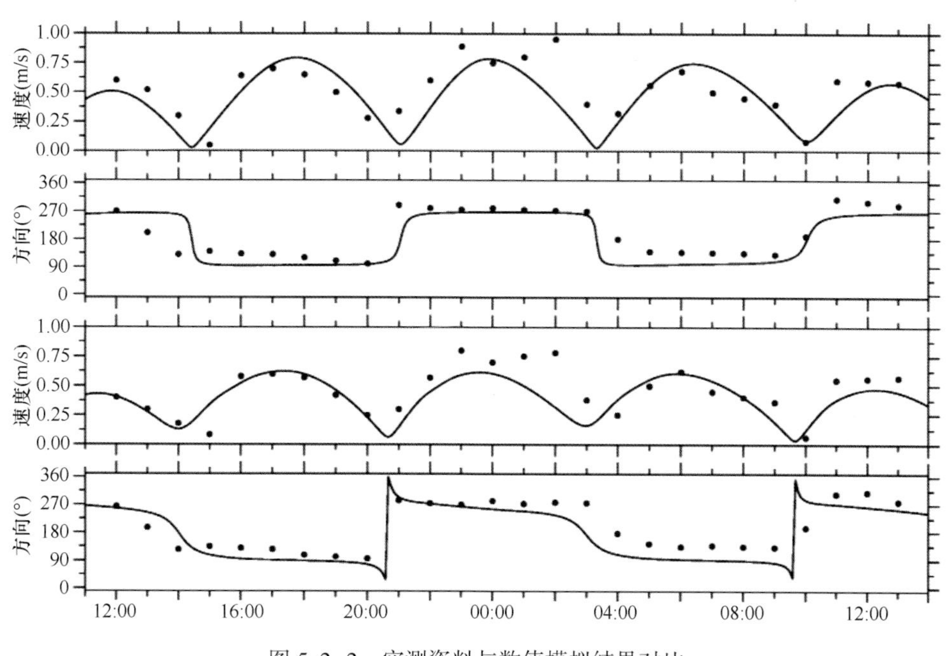

图 5. 2-2　实测资料与数值模拟结果对比

点为实测资料，线为模拟结果

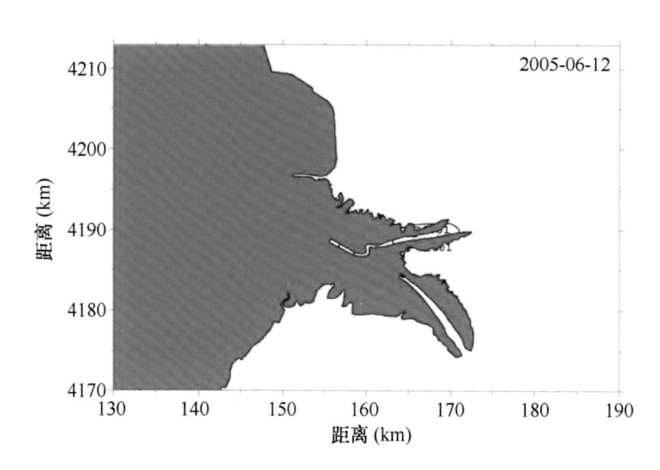

图 5. 2-3　黄河调水调沙前表层悬浮泥沙扩散分布（单位：mg/L）

为 2350 m^3/s 和 34. 80 t/s，黄河入海径流量急剧上升，黄河口悬沙浓度急速升高，由此导致悬浮泥沙扩散范围迅速扩大。由于黄河外排径流量及含沙量都非常高，高浓度泥沙在底层扩散范围要远大于表层，而低浓度泥沙的扩散范围表底层扩散范围相近，底层略大于表层（图 5. 2-5 和图 5. 2-6）。表明入海泥沙粒径范围广、扩散运移方式多样，高悬浮泥沙以蠕动为主、逐渐沉积，随着运移距离的增大，泥沙沉积，粒径具有明显的分带性，呈现低悬浮泥沙浓度的海水其扩散运移距离大的特点。而黄河调水调沙期间悬浮泥

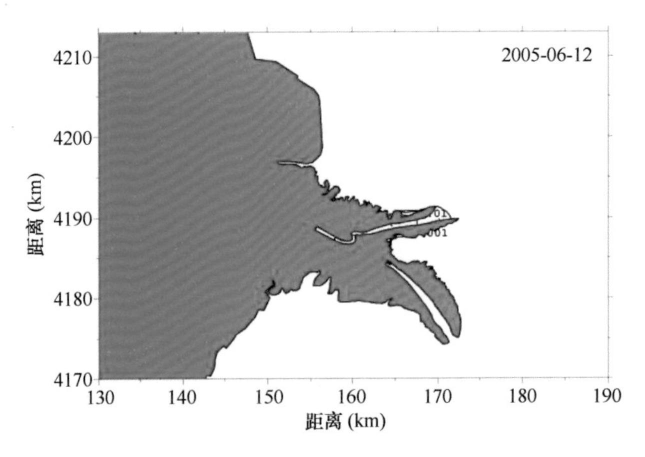

图 5.2-4　黄河调水调沙前底层悬浮泥沙扩散分布（单位：mg/L）

沙扩散影响范围还是有限的，最大影响范围约 20 km×40 km，其扩散运移方向以 E 向为主，对莱州湾海域的扩散影响程度非常有限（李平等，2010）。

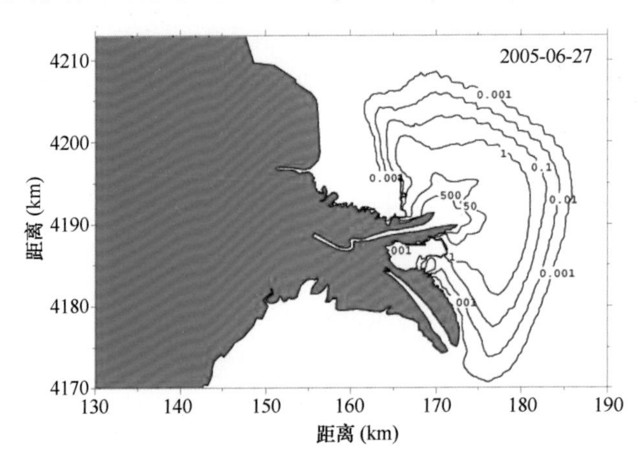

图 5.2-5　黄河调水调沙后表层悬浮泥沙扩散分布（单位：mg/L）

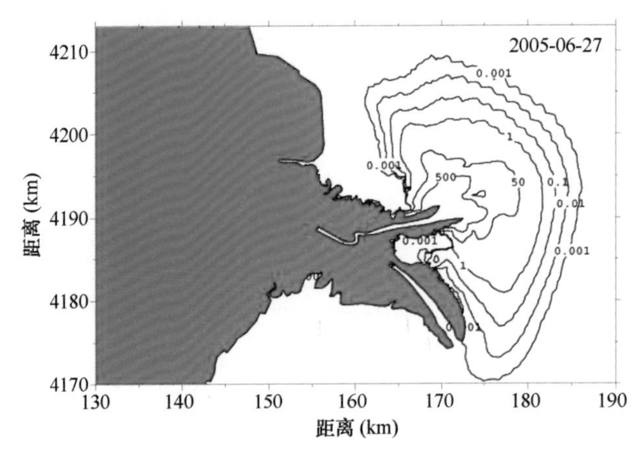

图 5.2-6　黄河调水调沙后底层悬浮泥沙扩散分布（单位：mg/L）

5.2.3　黄河入海水沙通量变化对灾害地质类型形成及其分布的影响

黄河流域来沙是黄河三角洲区域灾害地质赖以形成和发育的物质基础，黄河入海泥沙沉积分带及扩散路径、范围区域分异由区域泥沙供应量的变化决定，进而决定灾害地质类型区域差异性。现行河流入海口或河流入海泥沙扩散覆盖到的区域泥沙供应充足，通常发育沙波和地层扰动等典型堆积型灾害地质类型，而远离河口区域泥沙供应不足区域，尤其是黄河三角洲东北部刁口叶瓣亚三角洲区域由于泥沙供应量的严重不足，侵蚀残留体、凹坑等侵蚀类灾害地质类型发育。20 世纪 70 年代以来，黄河入海水沙通量大幅减少，90 年代，年均径流量和输沙量仅为 50 年代的 29.2%和 29.7%，1998 年和 1999 年两年入海径流量仅为 50 年代的 18.1%（胡春宏等，2003）。

基于 ECOM-si 海岸海洋模式，分析并模拟泥沙扩散运移方向及扩散范围，并利用实测站位（38°13.901′N，118°48.699′E）的周日准同步的水文泥沙资料对模拟结果进行率定验证。表明在一般年份平均流量情况下（180 m^3/s），黄河入海泥沙扩散运移方向以 E 向和 NE 向为主，泥沙的扩散范围表底层相近，1 kg/m^3 等值线最大影响范围约 20 km×40 km（李平，丰爱平等，2010；胡春宏等，1996）。从浅地层剖面和侧扫声呐灾害地质类型的解译结果来看，现行河口及附近区域，以及研究区深水区沙波，浅部地层扰动灾害地质类型发育，而侵蚀型的灾害类型较少，与叶银灿（2011）的研究结果一致，认为平坦宽阔的地形、丰富的中细砂物源以及较强的潮流和风暴浪流是沙波地貌发育的有利环境条件。

因此，不论从入海泥沙扩散运移路径还是泥沙扩散范围来看，黄河入海泥沙仅集中沉积在河口及其周围海域，主要以泥沙扩散所及的孤东大堤北端为界，灾害地质类型、规模存在较大差异，范围正好为Ⅱ区和Ⅲ区的界线。而毗邻现行河口的堆积性灾害地质类型发育，随离岸距离的增加，侵蚀型灾害地质类型增多、规模增大，如在现行河口临近区域 50 km 范围内发育的沙波，波长最大 13.4 m，而大致 7 m 等深线以深区域灾害地质类型明显减少，规模小（图 5.2-7）。

5.3　海岸及海床稳定性

区域稳定性包括海岸稳定性和海床稳定性，海岸稳定性表现为海岸线的前进与后退变化，以及岸滩蚀积变化，而海床稳定性主要表现为近岸海底在一定时间内的侵蚀与淤积变化。

5.3.1　黄河三角洲海岸侵蚀特征及过程

根据 2007 年 7 月—2008 年 11 月之间 8 条固定断面的 4 次野外调查结果（观测时间

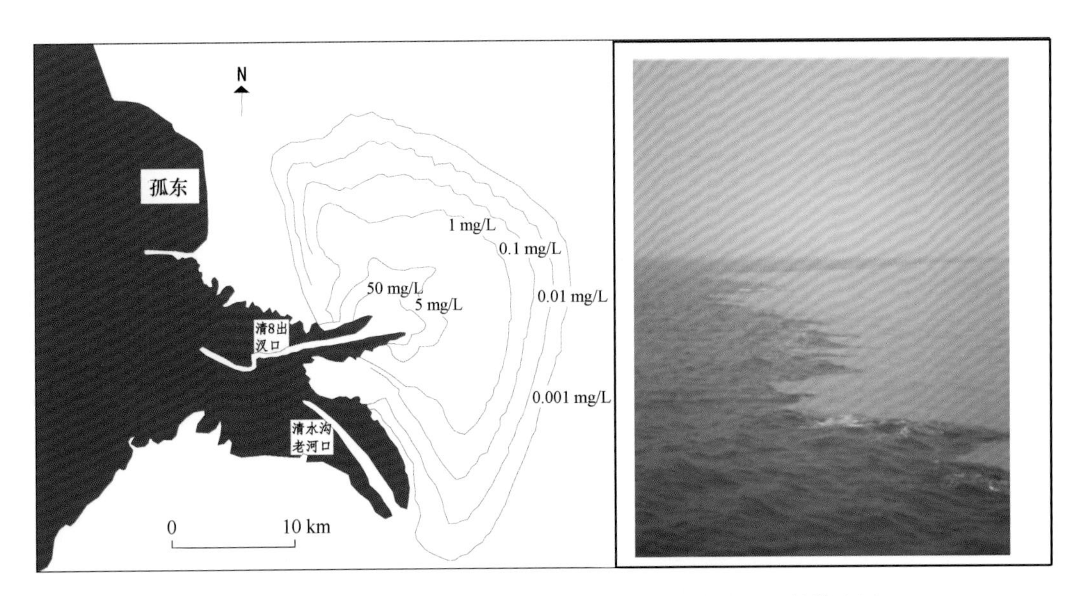

图 5.2-7　一般年份平均流量下黄河泥沙扩散运移范围及扩散边界

分别为 2007 年 7 月、2007 年 10 月、2008 年 5 月和 2008 年 11 月），据此分析黄河三角洲海岸侵蚀过程及空间分布特征，4 期次剖面对比结果表明：黄河三角洲海岸侵蚀表现出明显的时空差异特征。由于水动力条件的季节性变化，岸滩、水下地形也存在季节性的变化规律，形成明显的冬季剖面和夏季剖面，其中流域来水来沙和风浪是影响地形季节变化的主导性因素。

（1）海岸侵蚀特征

由 2007—2008 年两年 4 期次 9 条剖面重复监测结果进行对比分析，绘制了黄河三角洲海域冲淤图（图 5.3-1），由图可见，黄河三角洲东营港以北沿海海底地形演变年际变化规律表现出带状冲淤特征，总体上以冲刷趋势为主，冲刷侵蚀厚度以 0.1~0.7 m 为主体。整个调查区冲刷区所占面积最为巨大，两年间冲刷厚度介于 0.7 m 以内。此外，因黄河入海水沙急剧减少，东营港北部尤其是废黄河口海域遭受巨大冲刷。表现为以下 3 个空间分布特征：该区域海底以冲刷作用为主，淤积区范围较小，主要分布在调查区南部，邻近现行黄河入海口，整体冲淤变化表现为“北冲南淤”的变化态势。冲刷厚度最大可达 2.6 m，平均小于 0.7 m；调查区冲淤变化幅度较小，冲淤厚度小于 0.5 m 的区域占调查区的绝大部分；在废黄河口海域形成冲刷中心，冲刷厚度大于 1 m，在调查区南部老九井附近海域形成淤积中心，但均表现海域冲淤变化非常复杂，且剧烈的变化特征。

黄河三角洲海岸划分为快速侵蚀海岸、中等程度侵蚀海岸、稳定海岸和淤积海岸。黄河三角洲刁河口至孤东大堤南，为粉砂淤泥质海岸，岸线长 100 km，侵蚀的粉砂淤泥质海岸长 66 km，侵蚀岸线占调查岸线长度的 66%。1987—2008 年，黄河三角洲海岸带调查区仅刁口河至桩 106 岸段呈现淤涨态势，淤积速率为 8.9 km^2/a；现行河口岸段处于淤积状态，淤涨变化速率 37. 7 m/a；黄河三角洲北部桩 106—黄河海港岸段以侵蚀变化为主，侵蚀变化速率 1. 2 km^2/a；以人工海岸为主的黄河海港至孤东油田岸段侵蚀速率，为 0. 5 km^2/a。

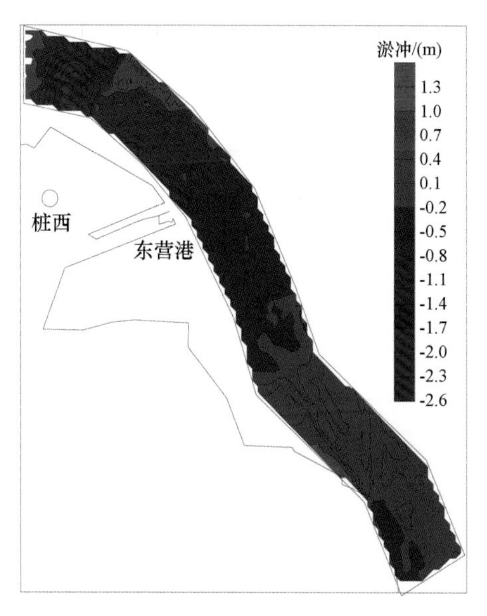

图 5. 3-1 黄河三角洲近岸海域海底冲淤变化特征空间分布

（2）典型剖面冲淤变化过程

各监测剖面年冲淤变化过程（图 5. 3-2～图 5. 3-8）可见：黄河海港及其以北的 H1 剖面、H2 剖面、H3 剖面与 H4 剖面均表现为全剖面冲刷的特征，位于东营港以南的 H5 剖面和 H6 剖面冲淤变化幅度很小，表现为冲淤平衡或轻微淤积，毗邻现行黄河入海口的 H7 剖面和 H8 剖面，以淤积作用为主，但淤积厚度很小。但具体分析各剖面形态及其冲淤特征各具特征。

H1 剖面（图 5. 3-2）位于黄河三角洲北部，废黄河口，表现出普遍冲刷趋势，最大冲刷厚度达到了 1. 10 m，剖面年平均冲刷厚度为 0. 96 m。仅在离岸 880～990 m 处呈淤积态势，最大淤积厚度仅 0. 32 m。−2 m 等深线几乎没有变化，−5 m 等深线后退 310 m。H2 剖面（图 5. 3-3）位于东营港，海一站海域处，该剖面 1. 68 km 以内发生普遍冲刷态势，1. 68 km 以外则呈波浪式冲刷和淤积交替进行的特征。发生冲刷的部位位于距岸 1. 68 km 的范围内，冲刷幅度达到 2. 06 m，平均为 1. 47 m。在距岸 1. 68 km 范围外，表现为冲刷和淤积交替进行的特征，最大冲刷和淤积厚度分别为 2. 51 m 和 1. 67 m，平均冲刷和淤积厚度相当，为 0. 49 m。−5 m 等深线几乎没有变化，保持冲淤平衡态势。

位于东营港以北，桩古 46 处的 H3 剖面（图 5. 3-4）表现出普遍冲刷的趋势，仅在离岸 4. 46 km 处出现小段轻微的淤积，淤积厚度 0. 71 m。整体来看，H3 剖面整个断面冲

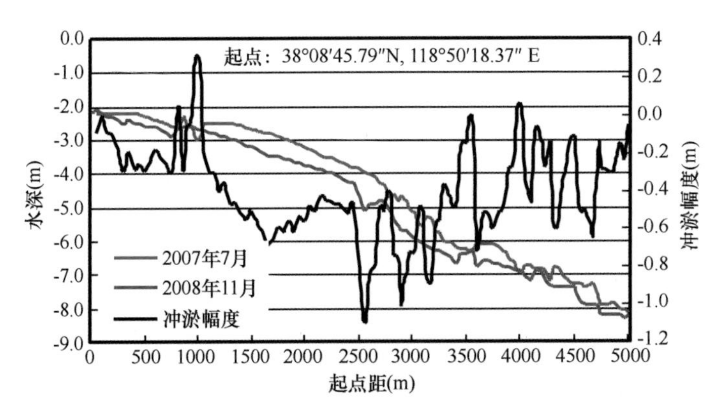

图 5.3-2　近代黄河三角洲 H1 剖面特征及年冲淤变化

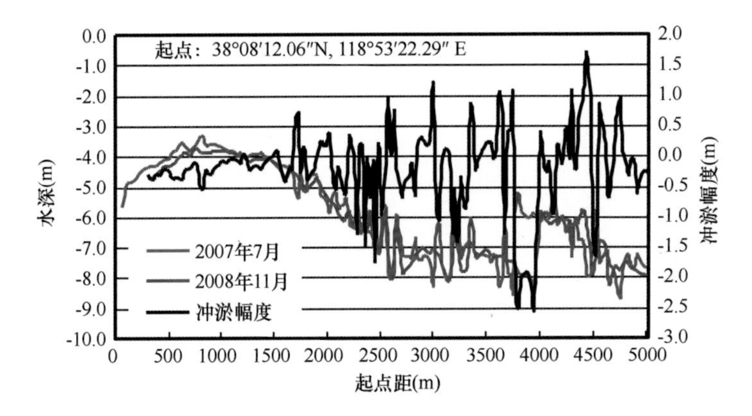

图 5.3-3　近代黄河三角洲 H2 剖面特征及年冲淤变化

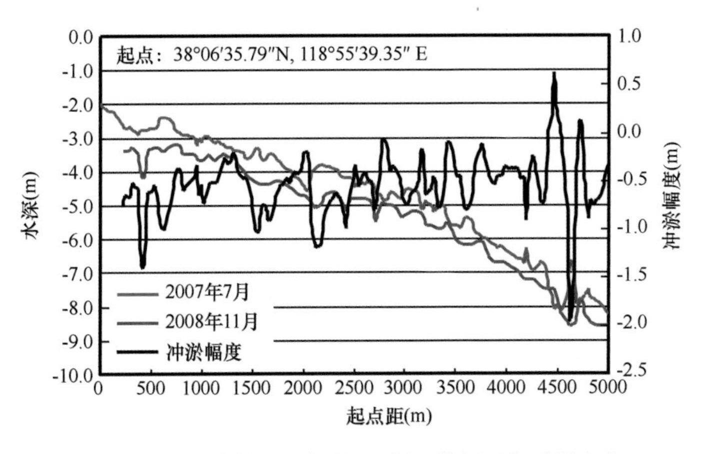

图 5.3-4　近代黄河三角洲 H3 剖面特征及年冲淤变化

刷幅度相当，冲刷幅度最大 1.78 m，平均 0.53 m。等深线位置的变化也较小，-5 m 等深线后退了近 330 m。毗邻东营港的 H4 剖面（图 5.3-5）表现出普遍冲刷趋势，最大冲刷厚度达到了 1.10 m，剖面平均冲刷厚度为 0.41 m。仅在离岸 1600~1700 m 和 3600~3680 m 处呈轻微淤积态势，最大淤积厚度仅 0.24 m 和 0.17 m。等深线位置变化不大，-5 m等深线向外推进 5 m。

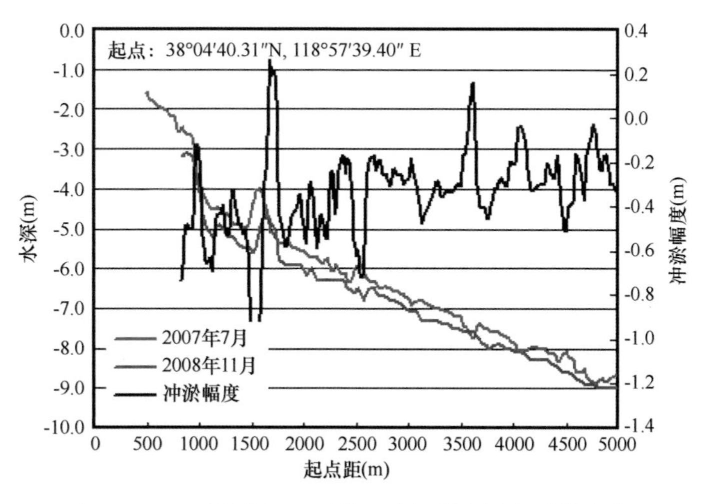

图 5.3-5　近代黄河三角洲 H4 剖面特征及年冲淤变化

H5 剖面（图 5.3-6）位于近代黄河三角洲北部，东营港南侧，该剖面表现出普遍冲刷趋势，最大冲刷厚度达到了 1.40 m，剖面年平均冲刷厚度为 0.66 m。近一年半时间，-2 m 等深线向陆后退近 10 m 余，-5 m 等深线后退 110 m。表现为总体侵蚀后退下蚀的特征。H6 剖面（图 5.3-7）位于东营港以南，该剖面约 3 km 以内发生普遍冲刷态势，约 3 km 以外则以淤积作用为主，夹杂着微弱的冲刷。总体来看，该剖面冲淤变化不大，冲刷最大约 0.5 m，淤积最大约 0.5 m，平均淤积厚度小于 0.2 m。-2 m 和-5 m 等深线几乎没有变化，保持冲淤平衡态势。

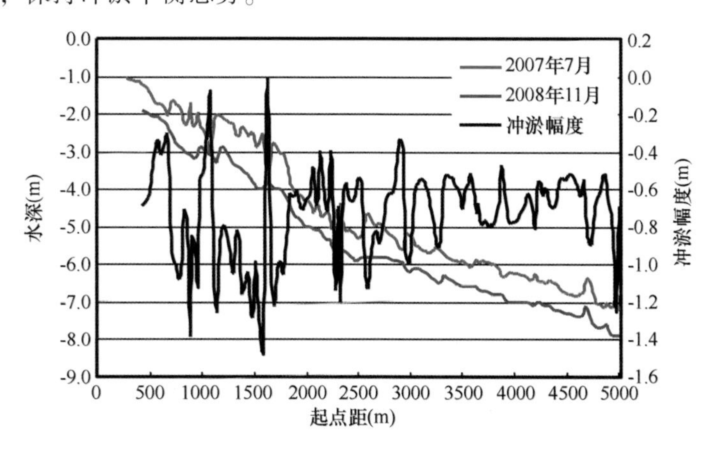

图 5.3-6　近代黄河三角洲 H5 剖面特征及年冲淤变化

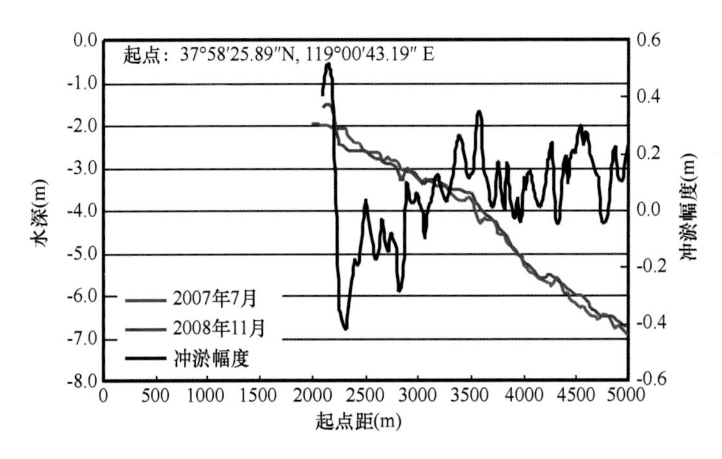

图 5.3-7　近代黄河三角洲 H6 剖面特征及年冲淤变化

位于东营港以南，毗邻现行黄河入海口的 H7 剖面（图 5.3-8）表现出普遍淤积的趋势，仅在离岸 500 m 处出现小段轻微的冲刷，冲刷厚度最大 0.92 m，呈现突变式的变化。整体来看，H7 剖面以轻微淤积为主，淤积幅度较小，仅在近岸段表现为冲淤交替变化的特征，等深线位置的变化也较小。位于调查区最南端的 H8 剖面（图 5.3-9），仅近岸端表现出严重冲刷，最大冲刷厚度小于 0.6 m，剖面平均冲刷厚度为 0.41 m。远岸端则呈现冲刷和淤积交替变化的特征，但幅度很小，变化幅度小于 0.1 m。等深线位置变化不大，-5 m 等深线向外推进 5 m。

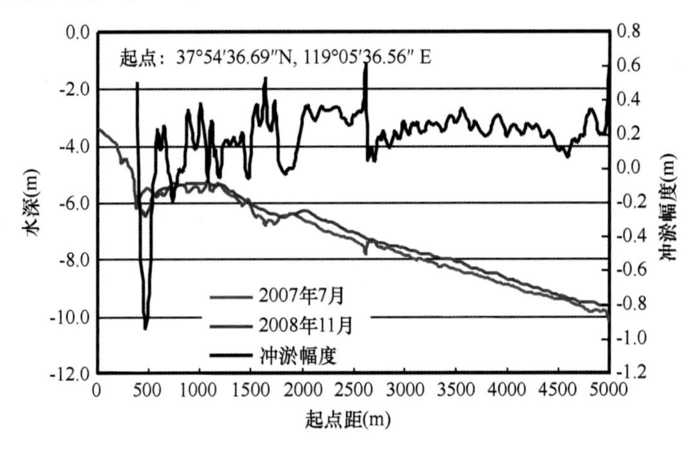

图 5.3-8　近代黄河三角洲 H7 剖面特征及年冲淤变化

5.3.2　黄河三角洲近岸海域海床稳定性

1976—2004 年的 7 期次岸滩水深数据分别导入 ArcGIS 软件，生成不规则三角网（TIN），按 100 m×100 m 网格构建研究区数字高程模型（DEM），基于 ArcGIS 空间分析软件，利用不同期次水深地形数据对比分析的方法分析研究区不同历史时段的冲淤变化，

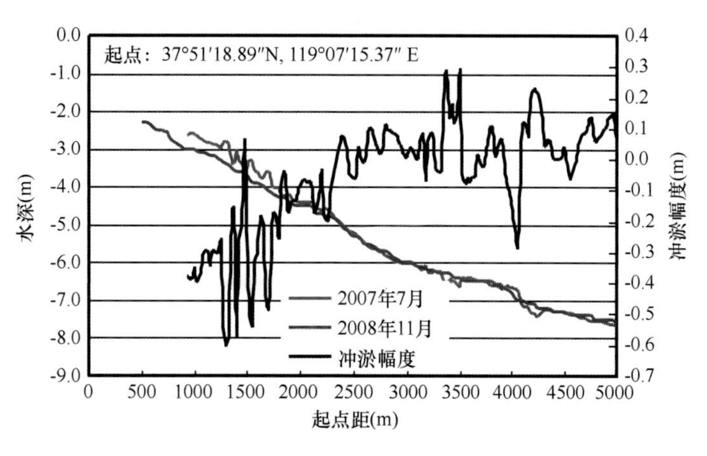

图 5.3-9 近代黄河三角洲 H8 剖面特征及年冲淤变化

进而以探讨研究区冲淤演变过程的空间分布特征。

（1）1976—2004 年总体冲淤状况

由表 5.3-1 可以看出，从 1976—2004 年的 28 年间在总面积大约为 2370 km^2的研究区内，侵蚀区面积为 1077 km^2，占全区总面积的 45.44%，淤积区面积为 1293 km^2，占全区总面积的 54.46%，冲刷与淤积面积比为 0.83∶1。与之相对应，侵蚀变化量为 31.85×10^8 t，侵蚀变化体积为 25.68×10^8 m^3，淤积变化量为 23.76×10^8 t，淤积变化体积为 16.40×10^8 m^3，年均净冲淤量为 -0.29×10^8 t/a，冲淤量比为 1.34∶1，冲淤体积比为 1.57∶1。从上述比较分析可以发现，研究区淤积区面积比侵蚀区面积略大，但却普遍存在着淤积变化厚度不大的特征，年平均淤积速率仅为 0.07×10^8 t/(m^2·a)，年平均侵蚀冲刷速率达到 0.11×10^8 t/(m^2·a)。

表 5.3-1 1976—2004 年冲淤变化特征参数

侵蚀量（$\times10^8$t）	31.85	年均侵蚀速率（$\times10^8$t/m^2·a）	0.11
淤积量（$\times10^8$t）	23.76	年均淤积速率（$\times10^8$t/m^2·a）	0.07
年均净冲淤量（$\times10^8$t/a）	-0.29	冲淤量比	1.34
侵蚀体积（$\times10^8m^3$）	25.68	侵蚀区面积（km^2）	1077
淤积体积（$\times10^8m^3$）	16.40	淤积区面积（km^2）	1293
冲淤体积比	1.57	冲淤面积比	0.83

图 5.3-10 所示为黄河三角洲强侵蚀海岸 1976—2004 年的冲淤变化，随着时间推移，研究区水深因冲淤变化而不断调整，各个时段的等深线存在一定差异性，为方便叙说，以 2004 年实测水深数据资料为基础，经生成 TIN 后插值后，生成不同深度范围的等深

线，用以确定冲淤变化发生范围界限。根据区域间冲淤特征的差异，将研究区划分为3个海域，由西向东依次为飞雁滩海域、东营港海域和孤东海域。由图可知，黄河三角洲强侵蚀海岸的侵蚀区域大致呈圆弧状环绕分布于强侵蚀海岸的15 m水深以内的范围。其中，2~12 m水深区域侵蚀尤为严重，在东营港海域严重侵蚀区域范围内，其向海延伸可达到约15 m水深处，侵蚀深度几乎都在2 m以上。

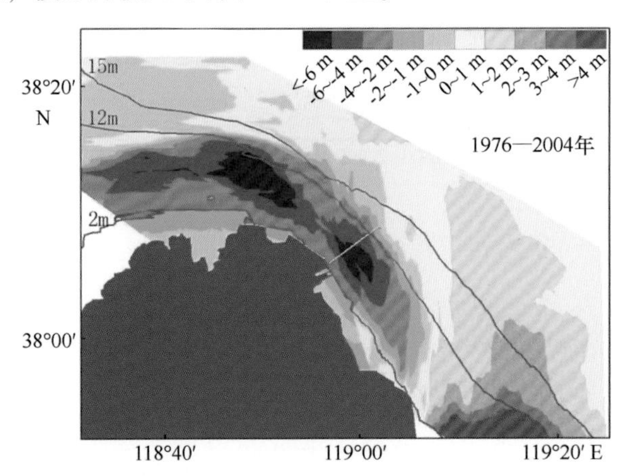

图 5.3-10　1976—2004 年近代黄河三角洲强侵蚀海岸冲淤变化

在严重侵蚀区内形成3个较明显的侵蚀中心，其中两个位于飞雁滩海域东西侧4~14 m水深范围，另一个位于东营港海域4~12 m水深范围。这3个侵蚀中心分别对应着黄河行水神仙沟流路（1953—1964年）和刁口河流路（1964—1976年）形成的3个砂嘴和水下堆积体，因地形突出，波能集中而遭受到更大程度的侵蚀（陈沈良等，2004）。飞雁滩海域西侧侵蚀中心略小，侵蚀深度也相对较小，大多在4~6 m之间，飞雁滩海域东侧的侵蚀中心面积最大，最大侵蚀深度甚至超过8 m，东营港海域的侵蚀中心的最大侵蚀深度6~7 m。飞雁滩海域和东营港海域的2 m水深以内区域也呈现出明显的侵蚀状态，侵蚀深度0~2 m，并且向海方向表现出侵蚀深度增大的趋势，飞雁滩西侧海域15 m水深以外区域也处于侵蚀状态。淤积区主要分布于飞雁滩东侧海域和东营港海域的15 m水深以外的区域，以及整个孤东海域。前者主要与强侵蚀海岸剖面塑造中的“上冲下淤”侵蚀模式有关，普遍的淤积厚度在1 m以内；后者则是因其靠近现行的黄河入海口，受入海泥沙扩散堆积影响所致，其淤积厚度与离黄河入海口的远近呈现出明显的相关性，即距离越近淤积厚度越大。

（2）1976—2004年不同时段的冲淤变化

黄河三角洲强侵蚀岸段在1976—2004年之间呈现出侵蚀面积略小于淤积面积，侵蚀体积大于淤积体积，侵蚀量大于淤积量，年均侵蚀速率高于年均淤积速率的总体变化特征（表5.3-2）。随着时间的推移，强侵蚀海岸剖面经过不断地调整变化，相应地各个历史时段的冲淤变化，呈现不同的变化特征规律。

表 5.3-2　1976—2004 年不同时段冲淤变化特征参数

时段	1976—1980	1980—1985	1985—1990	1990—1994	1994—1999	1999—2004
侵蚀量（$\times10^8$t）	14.93	5.10	7.31	4.51	2.38	10.33
淤积量（$\times10^8$t）	5.05	17.70	10.64	5.50	15.25	0.61
年均净冲淤量（$\times10^8$t/a）	-2.47	2.52	0.66	0.25	2.57	-2.43
侵蚀区面积（km^2）	1783	594	1056	1119	626	2137
淤积区面积（km^2）	405	1674	1315	1251	1744	233
年均侵蚀速率［$\times10^8$t/($m^2\cdot a$)］	0.21	0.17	0.14	0.10	0.08	0.12
年均淤积速率［$\times10^8$t/($m^2\cdot a$)］	0.31	0.21	0.16	0.11	0.17	0.07
冲淤量比	2.96	0.29	0.69	0.82	0.16	17.07
冲淤面积比	4.40	0.35	0.80	0.89	0.36	9.18
冲淤体积比	4.44	0.41	1.01	1.15	0.26	25.09

由表 5.3-2 可以发现，在研究区面积变化不大的前提下，侵蚀和淤积面积呈现出交替变化的关系，侵蚀区面积在 594~2137 km^2的范围内变化，淤积区面积在 233~1744 km^2的范围变化。由图 5.3-11 可以发现，黄河三角洲强侵蚀海岸近岸海域的冲淤演变过程，具有一定的周期性变化特征，存在着侵蚀—淤积—冲淤平衡—淤积—侵蚀的变化规律。由图 5.3-12 可以发现，研究区的冲淤速率呈下降趋势，冲淤演变渐趋平稳。

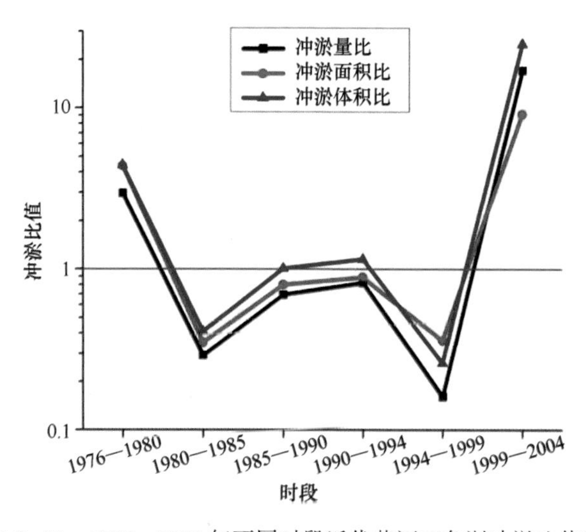

图 5.3-11　1976—2004 年不同时段近代黄河三角洲冲淤比值变化

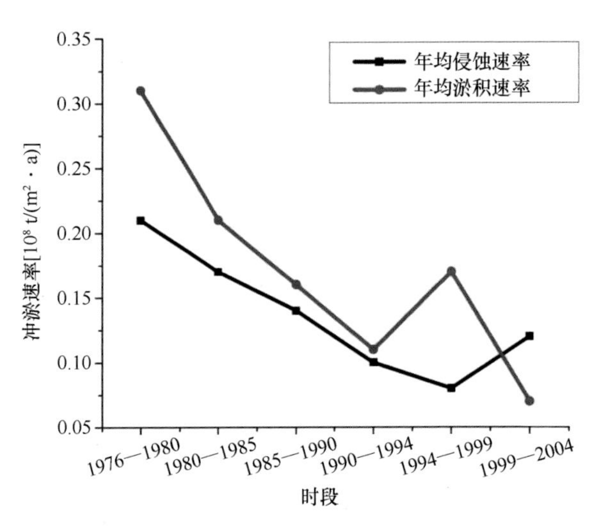

图 5.3-12　1976—2004 年不同时段近代黄河三角洲冲淤速率变化

结合图 5.3-13 分析，1976—1980 年 4 年间研究区侵蚀变化占据绝对的优势，侵蚀区面积可以达到 1 783 km^2，淤积区面积仅仅为 405 km^2，全区 81.49%的区域发生侵蚀变化，侵蚀变化量为 14.93×10^8 t，年平均净冲淤变化量为 -2.47×10^8 t/a，年平均侵蚀变化速率为 0.21×10^8 t/(m^2 · a)。冲淤变化的比值大于 1，平面上呈现出全面侵蚀的变化特征，飞雁滩近岸海域和东营港海域的 3 处侵蚀变化中心由此形成并发育，最大侵蚀变化的深度超过 4 m，整体来看，全区仅靠近黄河入海口的孤东海域的近岸区域出现淤积变化。

1980—1985 年时段研究区冲淤格局发生逆转变化，反而淤积成为变化的主调，研究区 73.81%的区域呈现淤积变化态势，大致以 12 m 等深线为分界线，表现为“上冲下淤”的态势，侵蚀变化的范围有所缩小，最大侵蚀深度也缩小到 2~3 m，侵蚀变化量（5.10×10^8 t）小于淤积变化量（17.70×10^8 t），年均净冲淤量为 2.52×10^8 t/a，年均淤积变化速率为 0.21×10^8 t/(m^2 · a)，冲淤比值均小于 1。桩古 46 堤和孤东北大堤处存在着明显的强侵蚀条带。

1985—1990 年和 1990—1994 年这两个时段冲淤变化大致呈现出冲淤变化平衡态势，冲淤比值接近于 1，其中冲淤体积比大于 1，冲淤变化量比和冲淤区域范围的面积比小于 1。年平均侵蚀速率［0.14×10^8 t/(m^2 · a) 和 0.10×10^8 t/(m^2 · a)］和年平均淤积变化速率［0.16×10^8 t/(m^2 · a) 和 0.11×10^8 t/(m^2 · a)］相近，年均净冲淤量仅为 0.66×10^8 t/a 和 0.25×10^8 t/a，略淤积。与此相对应的是，固然 1990—1994 年时段也处于冲淤变化平衡的态势，冲淤的总体格局却发生根本性的变化，除了整个研究区域的12 m 水深以内区域仍然发生侵蚀变化外，孤东附近海域由于受黄河入海泥沙不断输入的影响依然以淤积变化为主，东营港海域的 12 m 水深以外区域则由淤积变化转为侵蚀变化，而飞雁滩海域大体上从侵蚀变化转变为淤积，3 个侵蚀中心仅剩下飞雁滩东侧海域的侵蚀中心。两个时段的冲淤格局却有不同，1985—1990 年时段的冲淤格局与 1976—2004 年强侵蚀海岸总体冲淤格局类似，侵蚀区域主要集中于 14 m 水深以内，3 个侵蚀中心依然发育，只是侵蚀深度有所减小，飞雁滩海域主要表现出侵蚀特征，孤东海域表现为淤积。

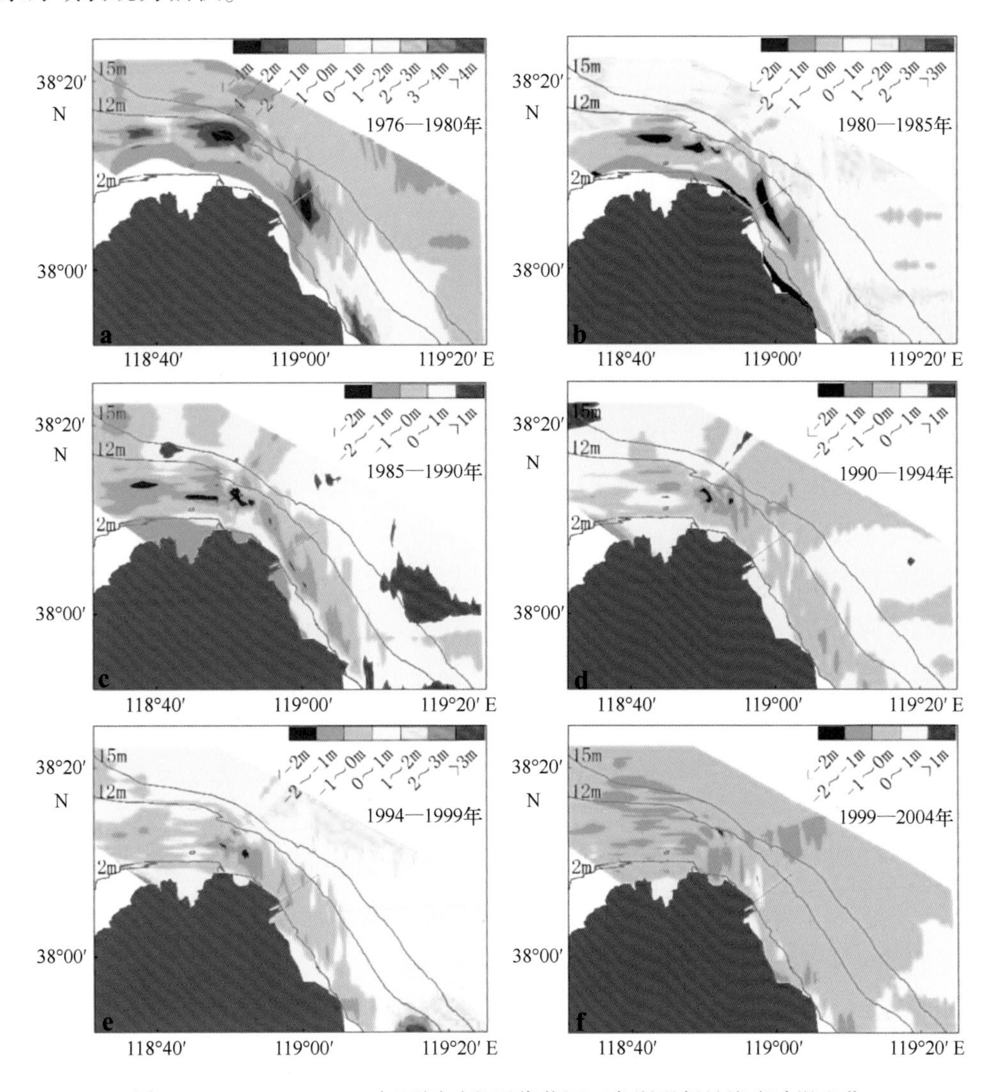

图 5. 3-13　1976—2004 年不同时段近代黄河二角洲强侵蚀海岸冲淤变化

1994—1999 年时段，淤积变成再次成为研究区域的主调，研究区 73. 59% 以上的海域发生淤积变化，侵蚀变化量（2.38×10^8 t）明显小于淤积变化量（15.25×10^8 t），年平均净冲淤变化量为 2.57×10^8 t/a，年平均淤积变化速率为 0.17×10^8 t/(m^2 · a)，冲淤比均远小于 1，冲淤变化态势均与 1980—1985 年时段相类似，冲淤变化总体格局大致相符，只是 1994—1999 年时段 2 m 以浅区域的范围内主要发生淤积变化，而在 1980—1985 年时段该区域主要发生侵蚀变化。

1999—2004 年时段，黄河三角洲强侵蚀岸段的冲淤总体格局又重新呈现全面侵蚀的变化态势，侵蚀区面积达 2 137 km^2，研究区 90.17%的区域发生侵蚀变化，侵蚀量为 10.33×10^8 t，年均净冲淤变化量为 -2.43×10^8 t/a，年平均侵蚀速率为 0.12×10^8 t/(m^2·a)，冲淤比值均远大于 1，冲淤变化对比悬殊。

比较发生全面侵蚀的两个时段的冲淤变化特征，可以发现 1999—2004 年时段相对于 1994—1999 年来说，侵蚀区面积有所扩大，由占研究区 81.49%的区域扩大到占全区 90.17%的面积，冲淤面积对比更加悬殊，冲淤比值增大；侵蚀强度有所减小，侵蚀量由 14.93×10^8 t 减小为 10.33×10^8 t，年均侵蚀变化速率为 0.12×10^8 t/(m^2·a)，其明显小于前一个时段［0.21×10^8 t/(m^2·a)］。

5.3.3 海床稳定性对灾害地质类型形成发育的影响

海床稳定性是灾害地质形成和发育的基础，局部的地形变化引起的海洋水动力的改变进而导致沉积物运移趋势的明显变化（鹿洪友等，2003；常瑞芳等，2000）。海床稳定区域灾害地质类型单一，不稳定海床地质灾害类型多，具有活动性。海底地层扰动程度是评价海底稳定的重要指标，高扰动区是地质灾害主要分布区域。冲淤变化剧烈易导致海床内部地质结构的不稳定，易于诱发灾害地质的形成及活动。

通过 2008—2010 年四季 8 条剖面实测水深地形的叠加分析，现代黄河三角洲近岸海域海床年际冲淤变化表现出明显的带状分布规律，大致以神仙沟为界北部以冲刷变化为主，南部以弱侵蚀或淤积变化为主，年冲淤厚度最大 2.6 m，平均小于 0.7 m。由灾害地质类型与海床稳定性图叠加比较可看出，侵蚀变化幅度大的区域，其发育的侵蚀残留体和冲刷槽规模较大，而冲淤变化较小的海底一般发育小型凹坑群，或其他规模较小的灾害地质类型。研究区北部黄河三角洲钓口叶瓣，和南部孤岛大堤北部两个海床冲淤变化转换点，正好与Ⅰ区、Ⅱ区，以及Ⅱ区、Ⅲ区界线吻合（图 5.3-14）。而在黄河三角洲的北部所在Ⅰ区废黄河口海域海底大部分区域冲刷速度大于 1.2 m/a，发育的灾害地质类型规模大，具有活动性；钓口叶瓣以及临近海域废弃河口作为冲刷中心，冲刷厚度大于 1.1 m，研究区南部老九井附近海域形成淤积中心，均表现出海域冲淤变化复杂、剧烈的特征，其正好与Ⅱ区海洋水动力复杂、灾害地质类型多的特征相吻合。研究区南部Ⅲ区神仙沟至孤东海域发育的灾害地质类型少，以地层扰动灾害居多。

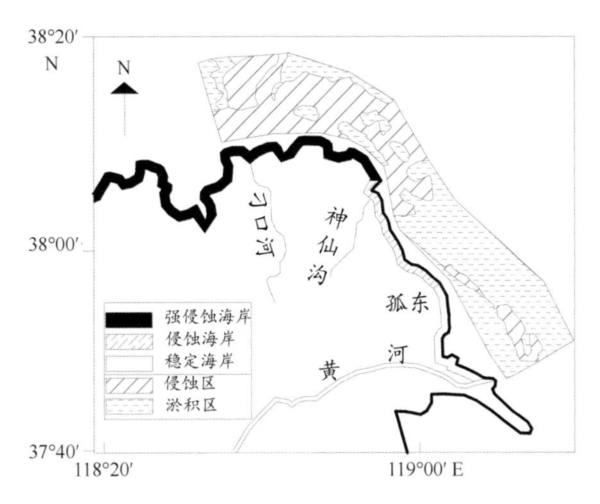

图 5.3-14　近代黄河三角洲海岸侵蚀及近岸海床稳定性

5.4　海洋水动力条件

海洋水动力是灾害地质发育与区域分异的动力基础，其中波浪和余流是两个最主要动力因素。向海输沙的起动主要由波浪作用来控制，输移方向则主要由潮流的作用来控制，进一步来说海洋水动力中对泥沙长距离的输移起决定作用的是该海区余流。波浪可导致海床泥沙的起动，潮余流具有定向输送泥沙的特征，是海水搬运泥沙的动力之一。

5.4.1　海洋水动力特征

黄河三角洲近岸海域以不规则半日潮流类型为主，仅在莱州湾个别测站为不规则半日潮流。黄河口海区有两个高流速区：一个在黄河口外，合成最大可能潮流速为180 cm/s以上；另一个在神仙沟和刁口河一带 10～15 m 水深海域内，合成最大可能潮流流速可达 150 cm/s。自黄河口往南，流速明显减弱，至莱州湾顶部为一弱流区，其合成最大可能潮流流速仅 51.4 cm/s 左右。黄河三角洲近岸海域的余流主要为风海流，而表层余流受季风影响，冬季多流向南；夏季多流向北，余流流速一般在 10 cm/s。

波浪主要由当地风速、风向和风区来决定，波浪主要为风浪，而由外海传入的涌浪占次要地位。黄河三角洲全年中常浪向为 NE（频率为 10.3%），次常浪向为 SE（频率为 8.1%），小于 1.5 m 的波高的频率为 87.4%。春季常浪向为 NE（频率为 16.7%），次常浪向为 E 和 SE（频率为 15.5%），强浪向为 N，波高小于 1.5 m 的频率为 90.8%。夏季常浪向为 ESE（频率为 13.1%），次常浪向 SE（频率为 10.6%），强浪向为 NE，小于 1.5 m 的频率为 92.3%。秋季常浪向为 ENE（频率为 10.1%），次强浪向为 NNW（频率为 9.0%），波高小于 1.5 m 的频率仅占 82%。

从波浪作用来看，近岸一定深度的海底泥沙可以起动。在浅水区波浪运动的近底层轨道速度逐渐增大，当达到某一个值时，引起泥沙颗粒运移。Birkemeier（1985）将 Hallermeier 的公式进行了简化，采用如下公式计算闭合水深：$d_i = 1.57H_e$，H_e 为 0.14%大波波高，计算得到研究区闭合深度大致 7.0 m。波浪作用下海底海床掀沙范围随着波级增大，其逐步向深水区域扩展，而掀沙频率则向深水区域递减。通过泥沙起动公式计算发现，通过泥沙掀沙起动 10 m 水深处的沉积物也仅是 2 m 波高以上波浪才能掀动，东营港海域波高为 1.5~2.0 m 的波浪可掀动 10 m 水深处海底泥沙，而孤东海域则减小到波高大于 1 m 的波浪都能掀动 10 m 水深处的沉积物。

余流对于河口外泥沙作用主要表现为两方面：黄河冲淡水北东向的余流是将黄河泥沙转移向陆架深水区域输送的主导因素，同时黄河河口两侧的涡旋是导致细粒泥沙落淤形成南、北烂泥湾。另一方面，黄河尾闾频繁改道和摆动，导致黄河口滨海地区余流场复杂多变，从而由此造成行水期口门外形成了许多中小尺度的不稳定涡旋，产生的局部不稳定上升流。

余流在无潮点以南的东营港海域和孤东海域呈逆时针环流，东营港附近海域余流平均流速为 5~10 cm/s，孤东海域 12~14 cm/s，无潮点以西的飞雁滩海域涨落潮流大致相当，余流流速很小。在东营海港区域形成余流的积聚区和分异转换地带，泥沙在总体上向北输移的同时部分向岸输运，形成冲刷槽、埋藏古河道和侵蚀残留体等灾害地质类型共存局面，以冲刷槽为例，形成了沟长超过 140 m、沟宽 30 m 的大型冲刷槽。余流在孤东大堤以南至现行河口区域表现突出，黄河冲淡水北东向的余流是把黄河泥沙向海输移的主控因子，同时余流在河口两侧的涡旋使细粒泥沙落淤形成南、北烂泥湾。

在波浪作用下，近岸一定深度的海底泥沙可以起动。在浅水区波浪运动的近底层轨道速度逐渐增大，当达到某一个值时，引起泥沙颗粒运移。Hallermeier（1978）在岸滩变化研究时提出了砂质海岸活动岸滩的闭合深度（closure depth）的概念，在该深度以浅的泥沙运动活跃，而该深度以深的泥沙活动很小或可以忽略。在砂质海岸，相对于平均低潮位，常采用如下公式计算闭合水深（Hallermeier，1978）：$d_i = 2.28H_e - 68.5\left(\frac{H_e^2}{gT_e^2}\right)$，式中：$H_e$ 为近岸风浪波高，其频率为 12 h/a，即 0.14%大波波高；T_e 为对应周期；d_i 闭合水深。由此可以看出，闭合水深与海区风浪波高正相关，波高越大闭合水深越大。

Birkemeier（1985）将 Hallermeier 的公式进行了简化，采用如下公式计算闭合水深：$d_i = 1.57H_e$，H_e 为 0.14%大波波高。

5.4.2 海洋水动力在灾害地质类型形成发育中的作用

以波浪和余流为主的海洋水动力是灾害地质形成发育与区域分异的动力因素，波浪掀起海床泥沙，余流输送悬浮泥沙。当波浪达到泥沙起动水深时引起泥沙起动运移，尤其波浪导致局部土体的震荡滑动造成海底浅表层局部扰动地层的形成（许国辉等，2008）。波浪浪级的差异掀起不同深度范围的泥沙，形成波浪动力区域分带。

波浪主要影响灾害地质体的规模。利用闭合水深计算公式 $d_i = 1.57H_e$，H_e为 0.14% 大波波高（Birkemeier，1985），计算可知黄河三角洲地区闭合深度海图水深 7.2 m，以此深度为界，泥沙活动性具有明显分异，深水区海底表层灾害地质类型单一规模小，浅水区灾害地质类型多规模大。波浪掀沙范围随波级增大而向深水扩展，掀沙频率向深水递减，掀起同样水深处的泥沙所需波高研究区北部大于南部（图 5.4-1）。横向变化来看，波浪浅水效应导致波浪在横向上具有明显的分带性，与浅水区灾害地质规模普遍大于深水区结论一致。

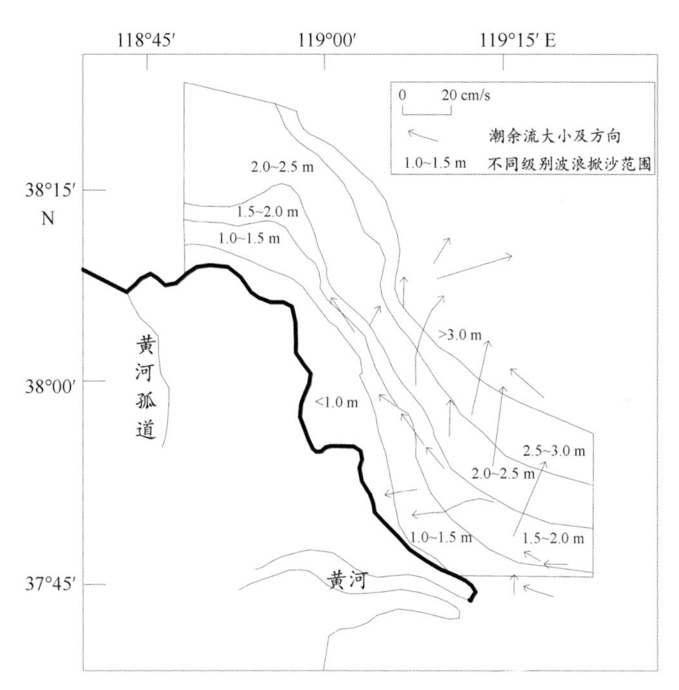

图 5.4-1　黄河三角洲潮余流及各级波浪的掀沙范围

余流是泥沙转移输运的动力基础，决定着悬浮泥沙输运方向和数量。黄河三角洲近岸海域悬浮泥沙总体上由南向北输移，同时海图 7 m 等深线以浅泥沙具有向岸输运的趋势。余流在无潮点以南神仙沟和孤东近岸海域呈逆时针环流，神仙沟附近海域余流平均流速为 8.9 cm/s，孤东海域平均流速为 11.7 cm/s，无潮点以西飞雁滩海域涨落潮流大致相当，余流流速小（董年虎等，1997）。神仙沟成为余流的积聚区和分异转换点，余流场复杂多变造成行水期口门外形成了许多中小尺度的不稳定涡旋，造成泥沙来源不规律性，由此造成研究区中部沿岸灾害地质类型多，规模差异大。另外，在埕岛油田海域由于大量工程设施的出现导致近岸流场局部改变，冲刷槽、埋藏古河道和侵蚀残留体等类型共存发育，发育沟长超过140 m，沟宽30 m的大型冲刷槽。在现行河口前三角洲区域，位于三角洲前缘之外，水深在20 m以内，该区域潮流和黄河动力作用明显减弱，沉积物较细，沉积物组成单一，多为黏土质粉砂，动力环境稳定，灾害地质类型很少。

5.5 底质沉积物空间变化

5.5.1 黄河三角洲近岸海域底质沉积物类型及分布

以成因划分研究区主要可分为冲积物和海积物两大类，冲积—海积物、洪积物、风积物等在局部地区也有分布。冲积物分布在近代和现代黄河三角洲区。按成因类型进行分类，以河床—漫滩类型沉积物、河间洼地—泛滥类型沉积物为主，其次是天然堤成因的沉积物和决口扇成因的沉积物。黄河冲积物以粉砂为主，黏土其次。海积物绝大部分来自河流输入的泥沙，经海洋动力作用形成，分布广泛，分为潮滩沉积物和近岸海域沉积物。

底质沉积物类型及粒度组分的区域差异，会导致灾害地质类型的区域差异。在沙源严重不足，且海洋水动力强劲的区域，一般砂组分含量较高，砂斑较发育，而在粉砂类型为主的区域常发育严重的地层扰动。

从浅地层剖面解译结果上来看，地层扰动灾害所在区域，底质沉积物类型以粉砂类型为主。2007年5—7月，黄河三角洲地区18个断面所取155个底质沉积物分析结果研究区以砂质粉砂为主，局部小范围存在的粉砂质砂和粉砂，分别对应于灾害地质区Ⅰ，以及区Ⅲ和区Ⅳ。砂类沉积物是黄河三角洲近岸海底表层沉积物中粒径最粗的类型，但其分布范围比较小，主要呈零星、斑状镶嵌在以粉砂质砂类沉积区范围中，在上述范围内沙波和侵蚀残留体局部发育或成片发育，一方面飞雁滩海域水动力较强，沉积物粗化，同时与较粗的物质类型耦合，有助于侵蚀类灾害地质类型形成和发育。另外，莱州湾北部现行河口外围区域由于地形的原因水动力相对较弱，并随着泥沙的落淤分带，发育槽脊相间的沙波，则是由于风暴潮带来较粗的物质。

5.5.2 底质沉积物与灾害地质形成与发育的关系

底质沉积物粒度参数代表海底物质粗细，及其成分组成差异，决定灾害地质类型的区域差异性，尤其是海底沉积物的工程性质对海底不稳定性具有决定作用（林振宏等，1995）。一般底质沉积物粒度偏粗的砂质海底发育侵蚀凹坑，冲刷槽和砂斑等侵蚀灾害地质类型。海洋水动力强、砂组分含量较高区域，砂斑通常比较发育，而在粉砂类型或粉砂组分含量高的海底区域，海底易于液化浅部地层，发育地层扰动灾害。沉积物失水压实作用，使局部海底发育较为宽缓的侵蚀凹坑、冲刷槽和侵蚀残留体等类型（图 5.5−1）。

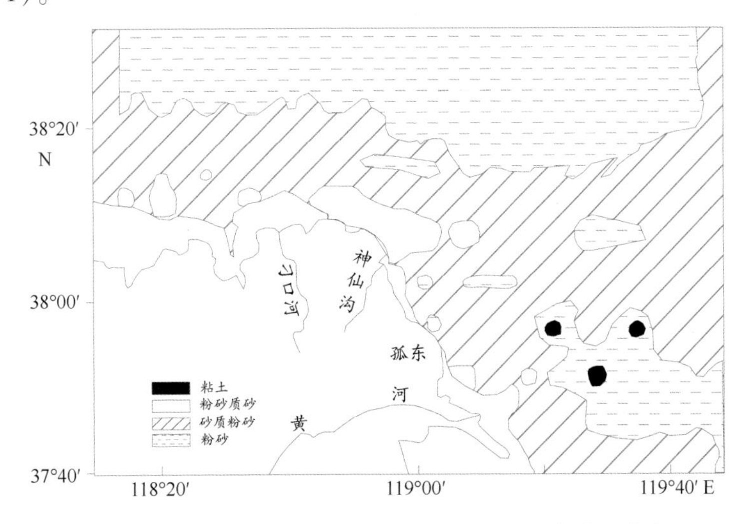

图 5.5−1　近代黄河三角洲近岸海域底质沉积物类型分布

根据 2007 年黄河三角洲近岸海域 18 条取样断面所取的 155 个底质沉积物粒度的室内测试分析结果，表明黄河三角洲近岸海域底质沉积物类型以砂质粉砂为主，其次为粉砂。从粒度组分含量来看，近岸区砂组分含量较多，随着离岸距离的增加黏土组分含量增加（陈小英等，2006）。砂质沉积物是黄河三角洲滨海区沉积物中最粗的类型，主要沿钓口叶瓣亚三角洲沿岸分布，范围较小。从灾害地质类型分布来看，砂质海底大型凹坑和侵蚀残留体局部呈片状发育，与较粗的物质类型分布区域吻合。另外从浅地层剖面解译结果上来看局部地层扰动灾害发育，其分布区域的底质沉积物类型主要是粉砂或粉砂类沉积物。

5.6　小结

海底微地貌是基于高分辨率多波束测深、侧扫声呐和浅地层剖面仪等勘察技术手段获取声学图谱数据，经解译判读发现的赋存在海底浅表层的地貌类型。微地貌组合关系与分布态势，间接反映了局部区域泥沙沉积、动力环境与地貌演变之间的耦合关系。通过覆盖黄河三角洲近岸海域 3 200 km 大范围声学图谱数据解译判读，结合声学地层层序与反射特征变化分析，探讨微地貌空间分异及其动态变化规律，开展海底微地貌形成发育主要影响因素及其空间分异动力机制研究。大范围声学图谱判读解译发现黄河三角洲近岸海底浅表层发育埋藏古河道、地层扰动、冲刷槽、沙波、凹坑、侵蚀残留体和砂斑等7种典型常见微地貌类型。微地貌类型组合关系与区域空间分布格局具有明显规律性，黄河入海泥沙、沉积物特征、海底冲淤动态与水动力条件的耦合叠加共同影响微地貌类型形态特征、规模范围等分布格局。沉积物空间变化决定着局部海底微地貌分布格局，地层扰动、砂斑微地貌分别与粉土、砂质沉积物相伴而生，具有一致分布范围和趋势，砂斑和地层扰动分别在孤东和飞燕滩近岸海域分布广泛。黄河入海泥沙作为重要物源供给要素，泥沙运移路径和扩散范围决定着微地貌类别（侵蚀型/淤积型），凹坑、侵蚀残留体和冲刷槽等侵蚀类型微地貌的规模范围反映区域泥沙供给多寡变化，集中分布在刁口河（废弃老河口）亚三角洲叶瓣，并在神仙沟—飞雁滩、孤东近岸海域亦有零星分布，沙波在现行河口周围分布广泛。海洋水动力条件决定微地貌规模范围空间差异，海床冲淤动态影响着微地貌的活动性。多因子耦合影响下黄河三角洲微地貌空间分异研究，有助于黄河三角洲沉积相变化研究，解决不同期次亚三角洲叶瓣的发育演变模式问题。

参考文献

常瑞芳，陈樟榕，陈卫民，等，2000. 老黄河口水下三角洲前缘底坡不稳定地形的近期演变及控制因素［J］. 青岛海洋大学学报，30（1）：159-164.

陈沈良，张国安，谷国传，2004. 黄河三角洲海岸强侵蚀机理及治理对策［J］. 水利学报，（07）：16-23.

陈小英，陈沈良，刘勇胜，2006. 黄河三角洲滨海区沉积物的分异特征与规律［J］. 沉积学报，24（5）:714-721.

崔承琦，印萍，1994. 黄河三角洲潮滩发育时空谱系［J］. 青岛海洋大学学报，42（1）：78-89.

董年虎，王广月，1997. 渤海湾黄河入海口区余流特性分析［J］. 黄渤海海洋，15（1）：64-69.

董年虎，1997. 黄河入海泥沙的淤积与扩散. 海洋工程［J］，4-30：60-65.

樊德华，2009. 黄河三角洲入海口地区近地表地层特征与沉积模式［J］. 石油与天然气地质，30（3）：282-286.

胡春宏，陈绪坚，陈建国，2008. 黄河水沙空间分布及其变化过程研究［J］. 水利学报，39（5）：518-527.

胡春宏，吉祖稳，王涛，1996. 黄河口海洋动力特性与泥沙的输移扩散［J］. 泥沙研究，（4）：1-10.

李广雪，庄克琳，姜玉池，2000. 黄河三角洲沉积体的工程不稳定性［J］. 海洋地质与第四纪地质，（02）：21-26.

李广雪，1999. 黄河入海泥沙扩散与河海相互作用［J］. 海洋地质与第四纪地质，19（3）：1-10.

李平，丰爱平，陈义中，等，2010. 2005年黄河调水调沙期间入海泥沙扩散过程［J］. 海洋湖沼通报，（4）：72-78.

林振宏，杨作升，Bornhold B. D. ，1995. 现代黄河水下三角洲底坡的不稳定性［J］. 海洋地质与第四纪地质，（3）：11-23.

鹿洪友，李广雪，2003. 黄河三角洲埕岛地区近年海底冲淤规律及水深预测［J］. 长安大学学报（地球科学报)，25（1）：57-61.
王栋，等，2006. 黄河水沙特征及调水调沙下的入海水沙通量变化［J］. 地理学报，55-65.
王开荣，2005. 黄河调水调沙对河口及其三角洲的影响和评价［J］. 泥沙研究，(6)：29-33.
许国辉，常瑞芳，李安龙，等，2000. 波浪作用下黏质粉砂底床性态变化的试验研究［J］. 黄渤海海洋，3-30：19-26.
许炯心，李炳元，杨小平，2009. 中国地貌与第四纪研究的进展与未来展望［J］. 地理学报，64（11）:1375-1393.
叶银灿，2012. 中国海洋灾害地质学［M］. 北京：海洋出版社.
中国海湾编纂委员会，1998. 中国海湾志［M］. 北京：海洋出版社.
Birkemeier W A，1985. Field data on the seaward limit profile change. J. Waterw. Port. Coast. Ocean Eng. 111（3）：598-602.

附　录

黄河三角洲近岸海域灾害地质类型典型声学图谱

（一）埋藏古河道三维声学图谱

典型埋藏古河道三维浅地层剖面图谱，由近顺直型河道、蛇曲型河道和小型顺直型河道组成黄河三角洲南部大型黄河故道流路系统。

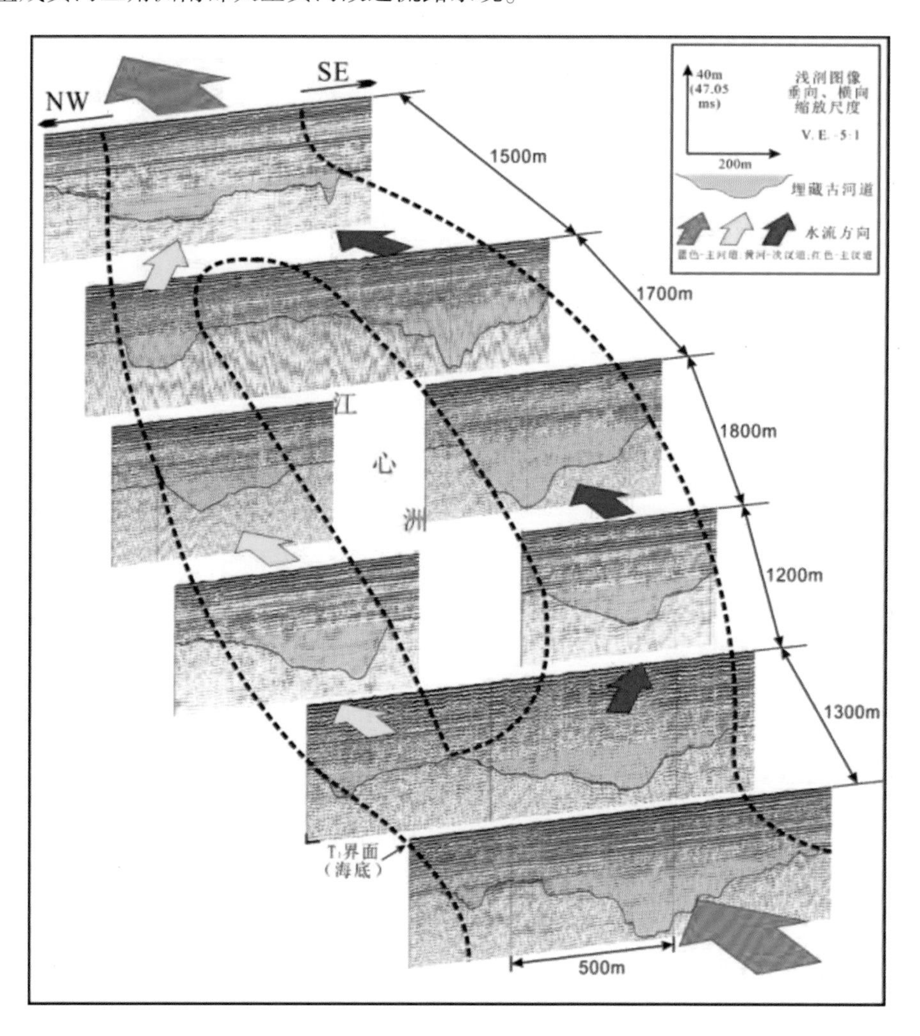

（二）典型埋藏古河道二维声学图谱

典型埋藏古河道二维浅地层剖面图谱：①对称型古河道断面，表现为河槽两侧边坡坡度相当，断面呈“V”字形或“U”字形，属顺直型河道，规模较小、充填物多发散型反射结构；②为近顺直型河道断面，河槽断面两侧边坡坡度相似、相差不大，充填物多发散型、上超型反射结构，部分可见杂乱型反射；③为辫状型古河道断面，常发育两个或多个河槽，由两个或多个“V”字形或“U”字形河槽组成；④为不对称型古河道断面，河槽两侧边坡坡度不等，一侧较陡，另一侧较缓，反映河道摆动阶段性特征。

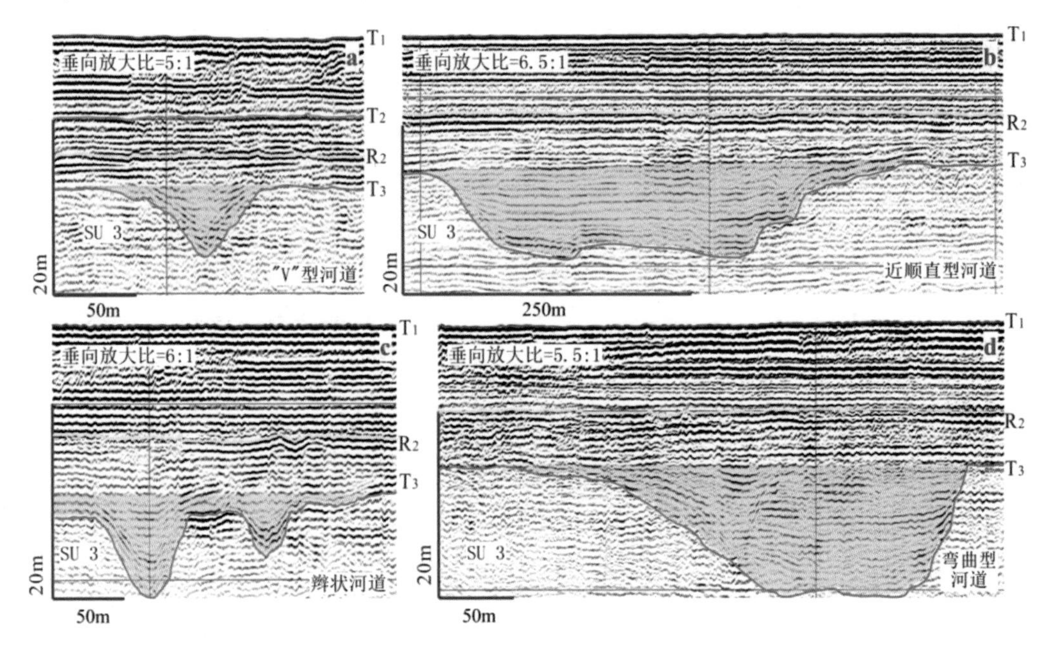

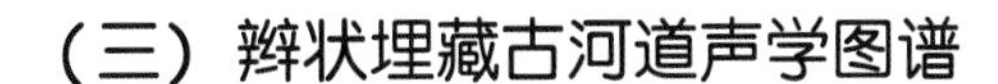

（三）辫状埋藏古河道声学图谱

辫状埋藏古河道常发育两个或多个河槽，由两个或多个“V”字形或“U”字形河槽组成。埋藏古河道规模小、数量多，充填物多呈发散型反射结构，少数因为侵蚀不整合而表现为杂乱充填。

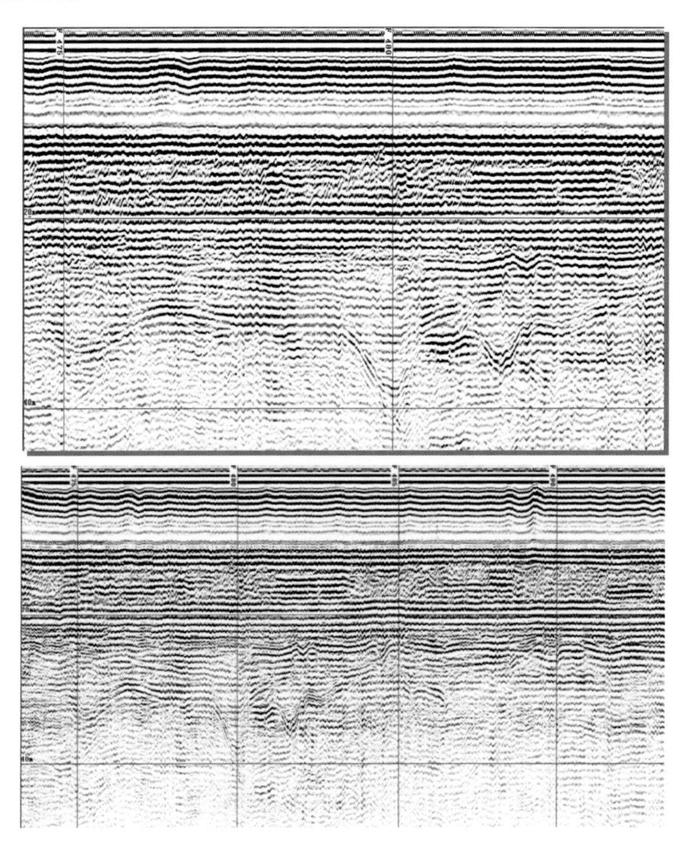

（四）凹坑

凹坑（冲刷坑）在声学图谱表现为明显规则反射，与周围声学图谱显著差异，推测主要由于底质沉积物的区域差异，在波、潮水动力条件共同作用下形成的负地形地貌。

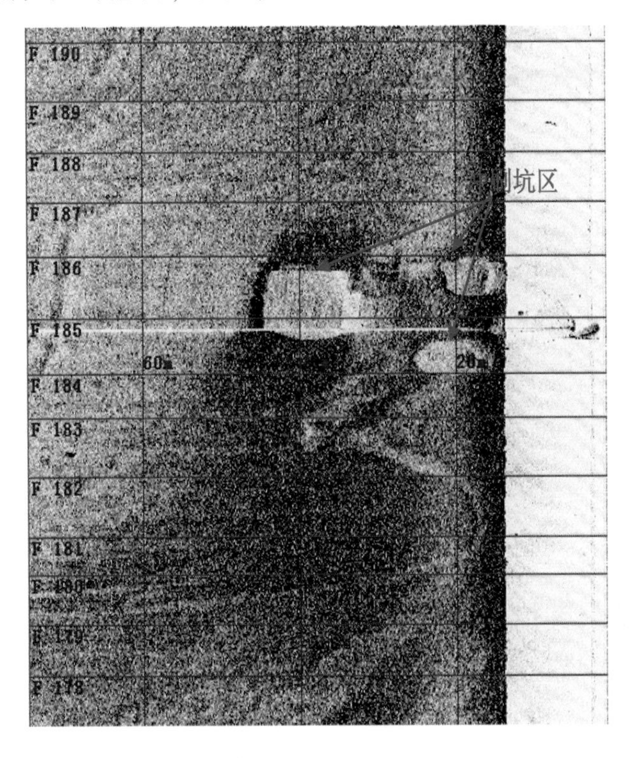

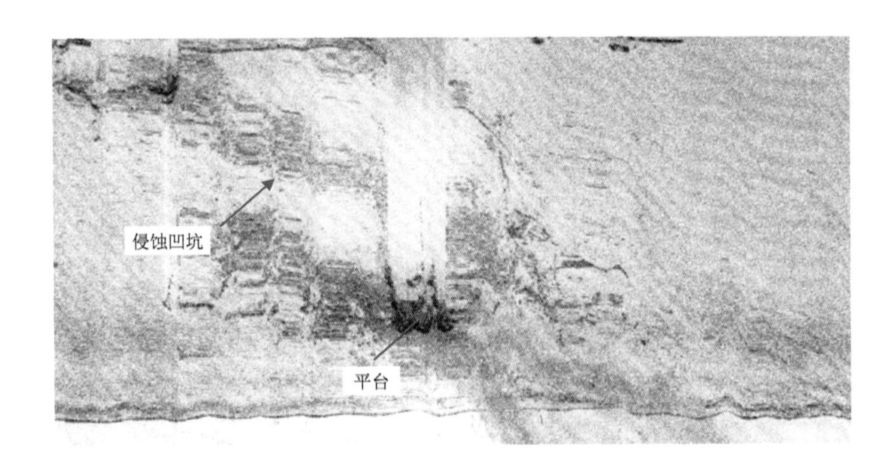

（五）冲刷沟槽

冲刷沟侧扫声呐影像记录，在侧扫声呐声学图谱上一般呈线形分布，底部为凹形冲刷面。推测为在潮流作用下局部区域底质沉积物类型及性质的差异而形成。

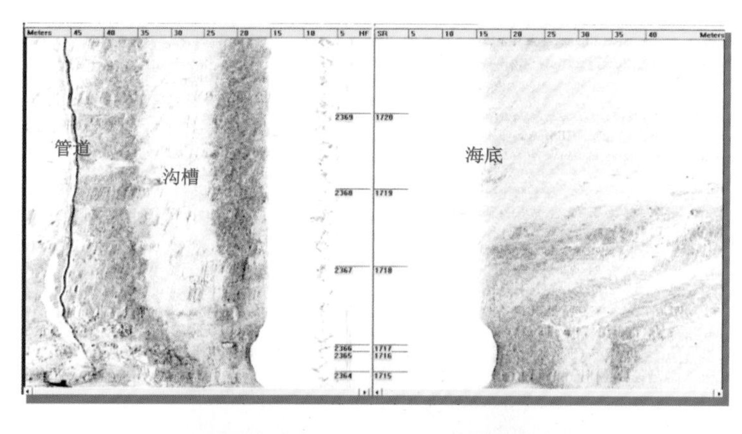

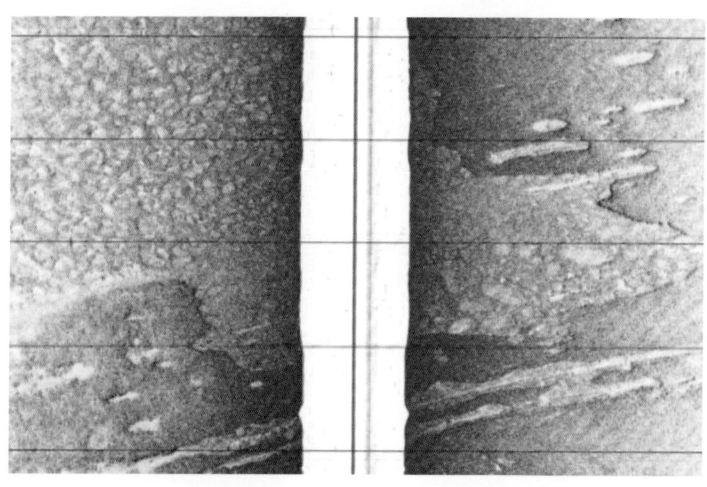

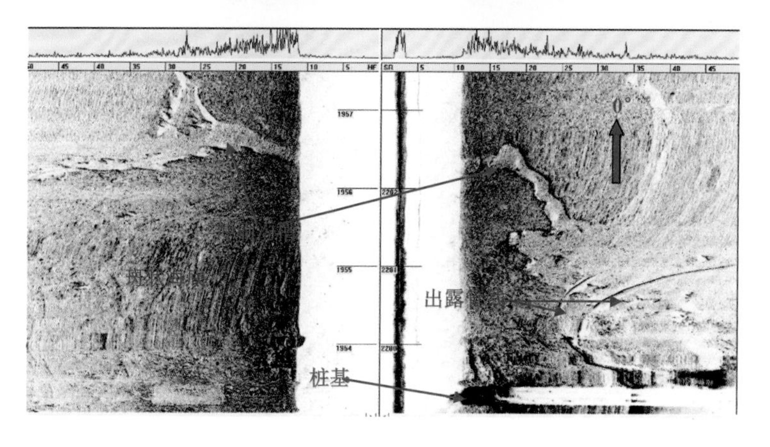

（六）斑状海底

斑状海底（粗糙海底）在侧扫声呐声图上表现为颜色深灰或浅黑的强反射、不规则展布特征，主要因海底不均匀冲刷而成。

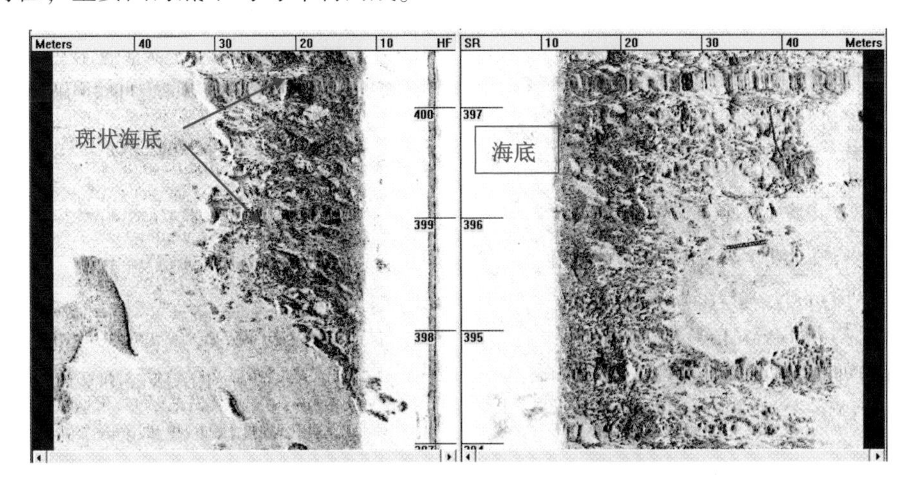

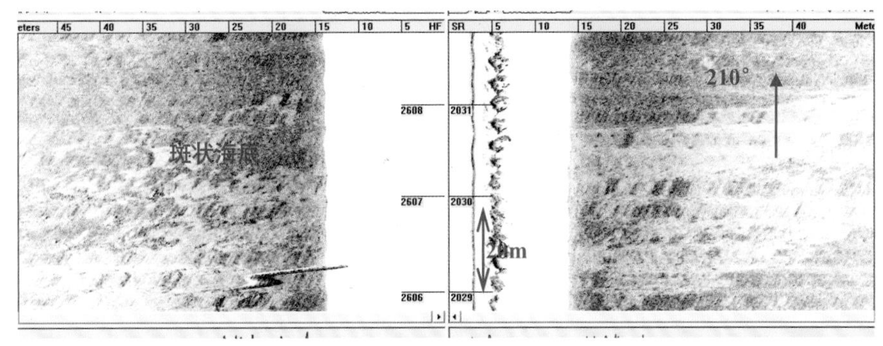

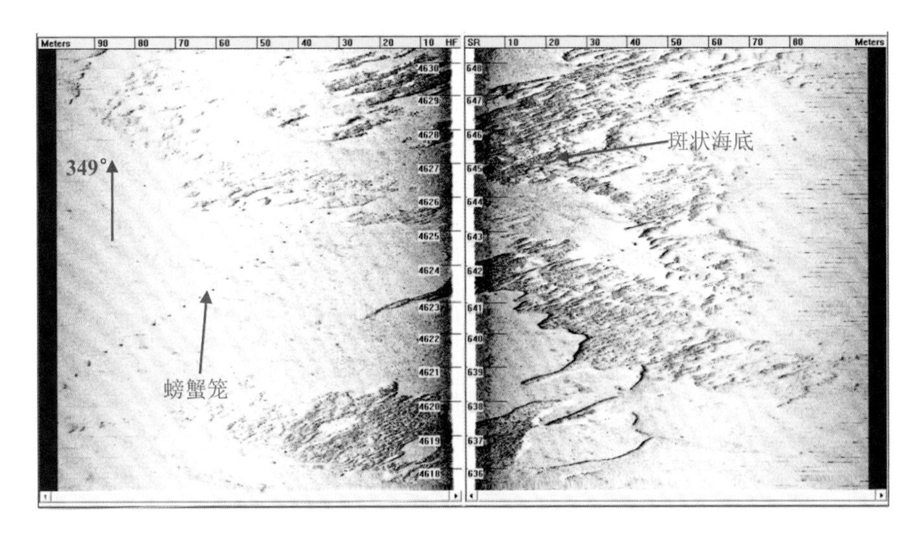

（七）砂斑

砂斑（侵蚀劣地）在侧扫声呐声学图谱上表现为颜色深灰或浅黑的强反射不规则展布，主要由于海底遭受不均匀冲刷而成。推测为在海流或波浪作用下，由于海底沉积物类型不同，或者物理力学性质差异而形成的沟槽与侵蚀平台相间分布的一种地貌形态，其表面呈不规则支离破碎状。

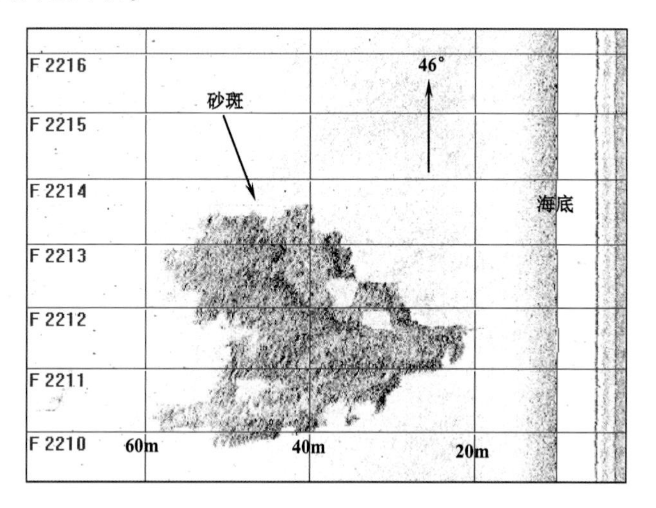

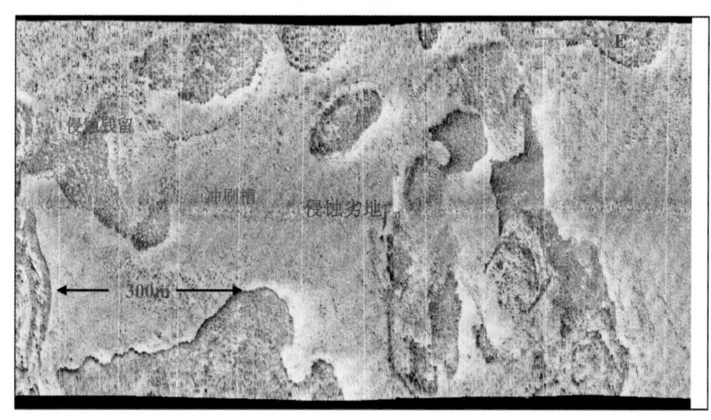

（八）侵蚀残留体

侵蚀残留体在侧扫声呐声学图谱上表现为反射强度与周边海底存在较大差异，四周或某侧发育冲刷痕，呈斑状展布。

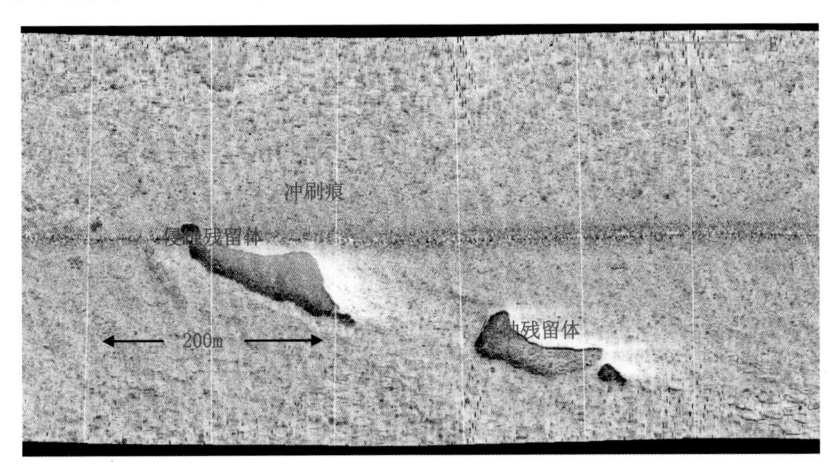

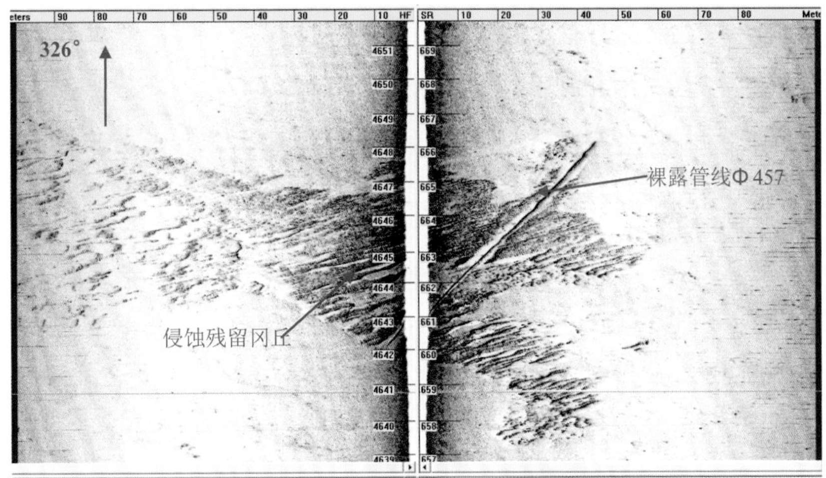

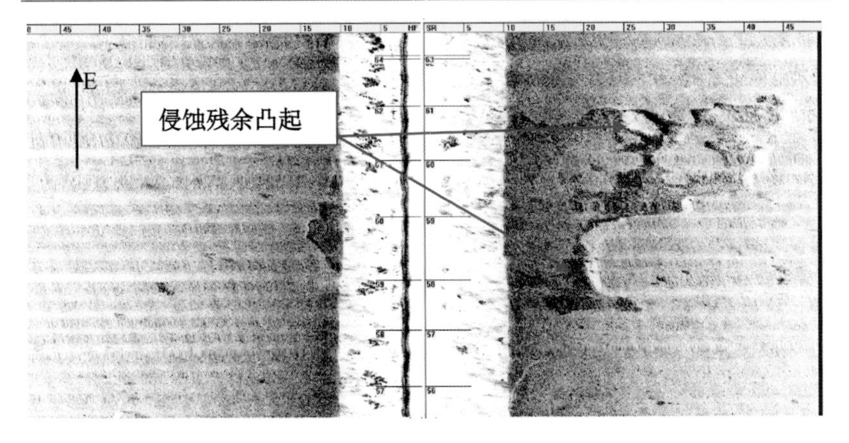

（九）沙波

沙波在侧扫声呐声图上呈较明显的亮、暗带相间出现，亮带表示波峰，暗带反映波谷。推测为砂质物质或其他粗颗粒物质来源丰富的底床，在强流体动力条件下因推移质运动而形成的有序沉积物堆积形态。

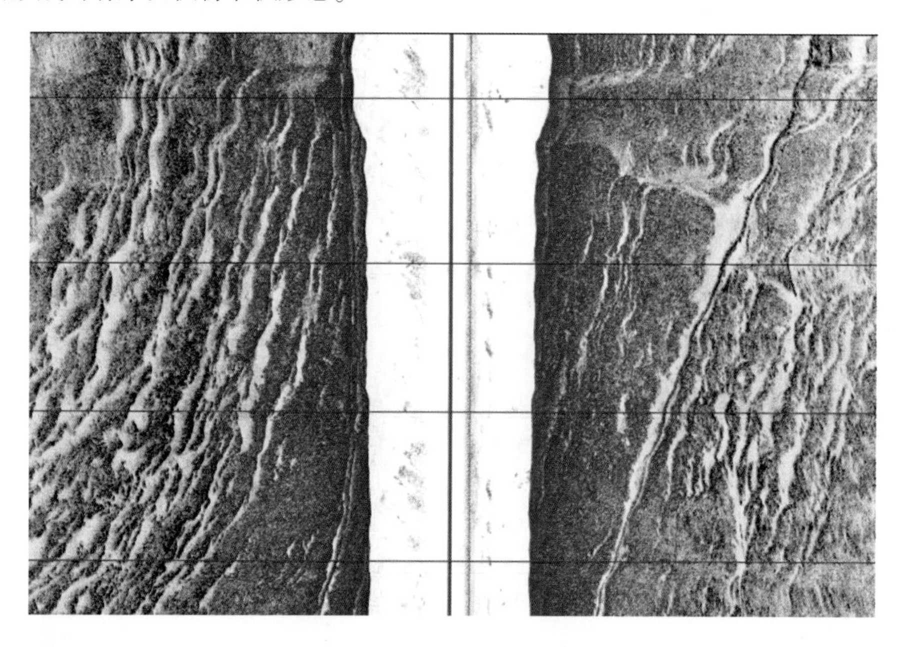

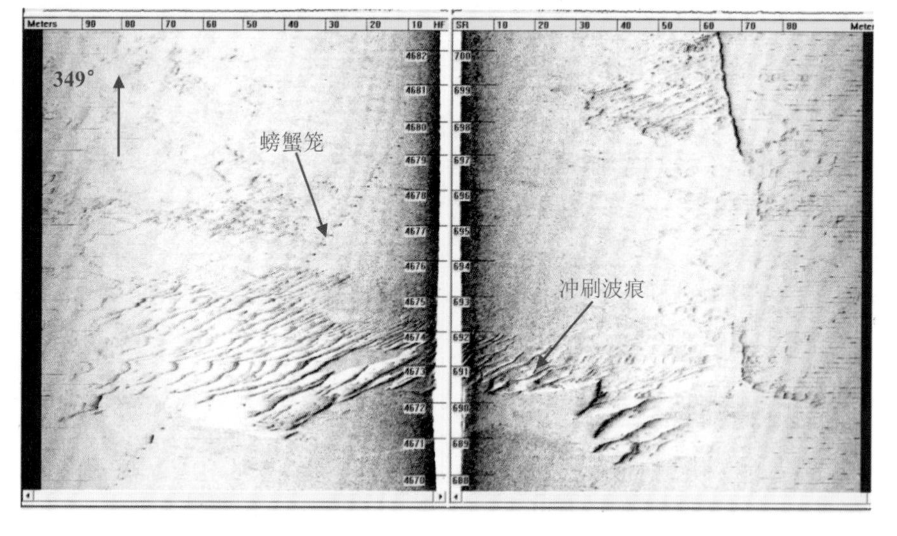

（十）埋藏古河道

埋藏古河道（埋藏古洼地）浅地层剖面图谱声学剖面底部为起伏不平的强反射侵蚀界面，呈“U”字形，内部多杂乱反射，为波状或前积反射，内部反射强者多砂砾质充填，内部反射弱者多泥质充填。埋藏古河道是在冰期低海面时，裸露的近岸海底在潮流、河流的作用下所形成的负地形，为后续河流改道变迁，被后期沉积物充填而形成。

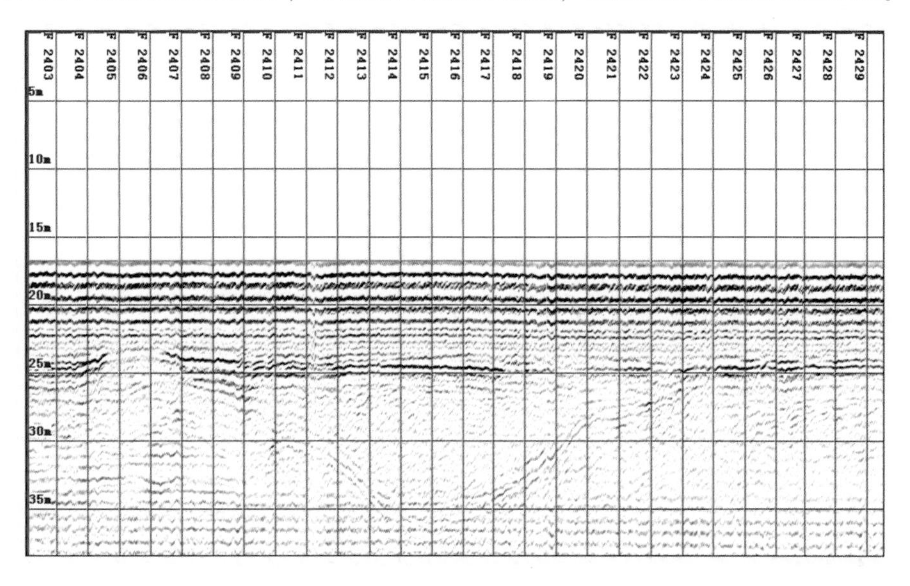

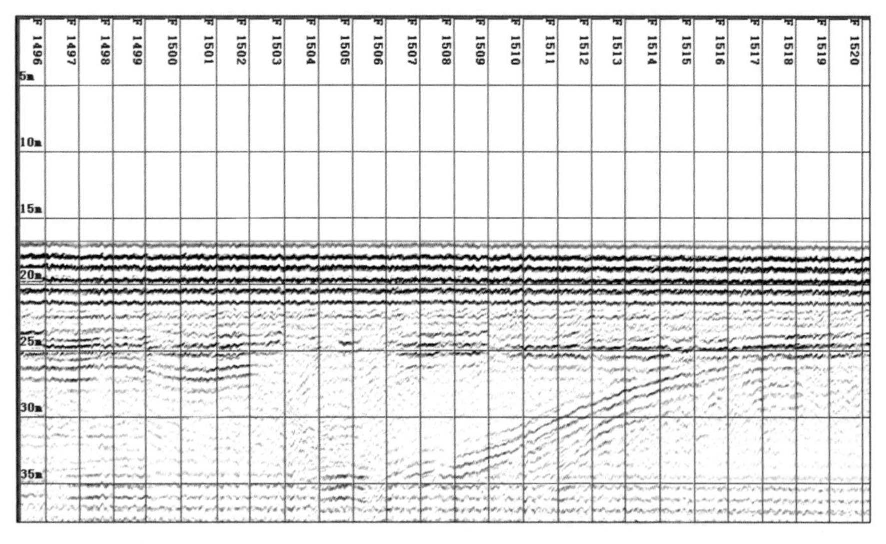

（十一）地层扰动

地层扰动侧扫声呐显示为较均匀一致的灰色，在浅地层剖面声学图谱顶界光滑、平坦，内部无明显层理或稍有层理，与周围土层的声学反射特征有明显的差别。反射结构模糊，以杂乱反射为主，同相轴与相邻地层有明显的间断。

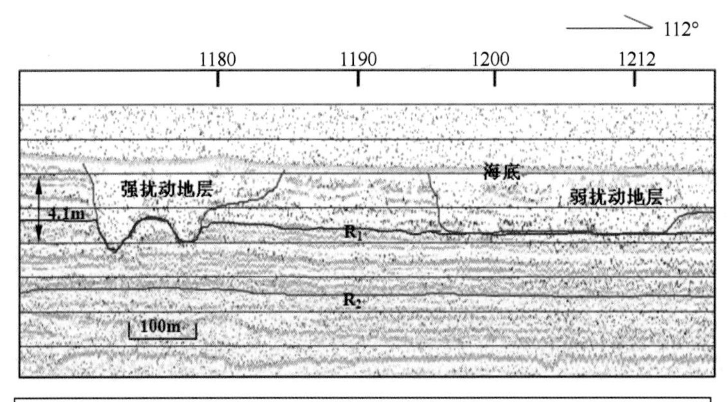

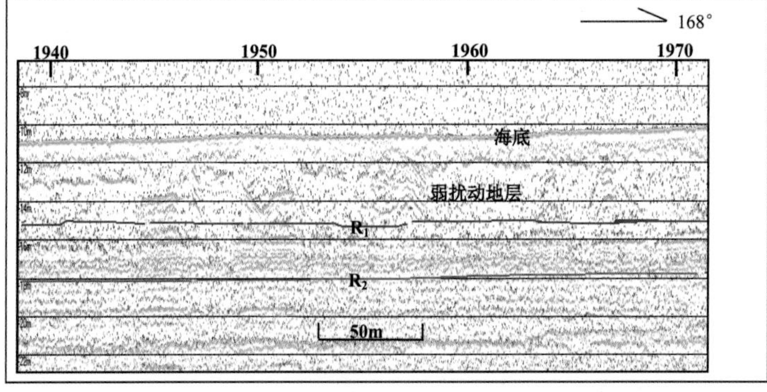

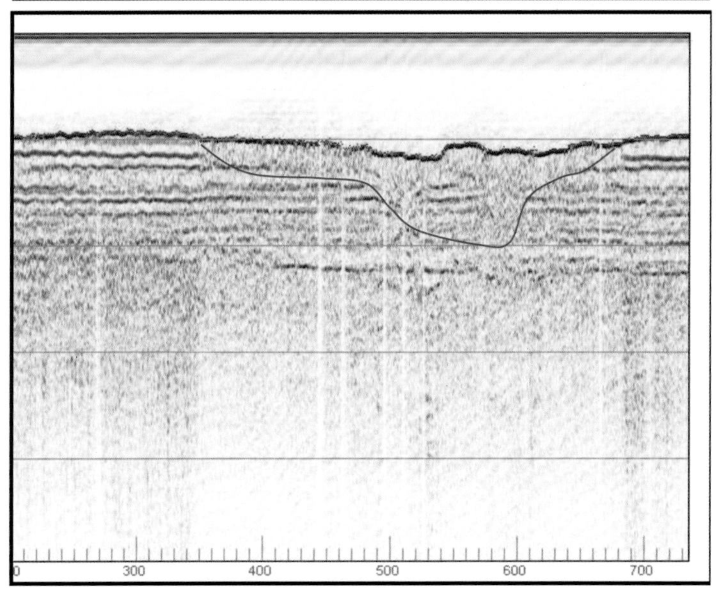